U0235805

随园食单

（清）袁　枚 著

林梦洁 编著

全国百佳图书出版单位

时代出版传媒股份有限公司

黄 山 书 社

图书在版编目(CIP)数据

随园食单 /（清）袁枚著；林梦洁编著. — 合肥：黄山书社，2015.7
（古典新读·第1辑，中国古代的生活格调）
ISBN 978-7-5461-5179-3

Ⅰ.①随… Ⅱ.①袁…②林… Ⅲ.①烹饪-中国-清前期②食谱-中国-清前期
③中式菜肴-中国-清前期 Ⅳ.①TS972.117

中国版本图书馆CIP数据核字（2015）第175580号

随园食单 　　　　　　　　　　　　　（清）袁枚 著　林梦洁 编著
SUIYUAN SHIDAN

出 品 人　任耕耘
总 策 划　任耕耘　蒋一谈
执行策划　马 磊　钟 鸣
项目总监　马 磊　高 杨
内容总监　毛白鸽
编辑统筹　张月阳　王 新
责任编辑　欧阳慧娟
图文编辑　王 屏
装帧设计　李 娜　李 晶
图片统筹　DuTo Time
出版发行　时代出版传媒股份有限公司（http://www.press-mart.com）
　　　　　黄山书社（http://www.hspress.cn）
地址邮编　安徽省合肥市蜀山区翡翠路1118号出版传媒广场7层　230071
印　　刷　安徽联众印刷有限公司
版　　次　2015 年 10 月第 1 版
印　　次　2015 年 10 月第 1 次印刷
开　　本　710mm×875mm　1/32
字　　数　145千
印　　张　7
书　　号　ISBN 978-7-5461-5179-3
定　　价　26.00 元

服务热线　0551-63533706
销售热线　0551-63533761
官方直营书店（http://hsssbook.taobao.com）

中国传统文化历史悠久、博大精深，而饮食文化是中国文化中的重要组成部分。历代关于饮食文化和烹饪方法的专著层出不穷，而成书于清代乾隆年间的《随园食单》堪称其中出类拔萃的作品。

袁枚（1716—1797）清代著名的诗人、散文家，字子才，号简斋，钱塘（今浙江省杭州市）人。他擅长诗文，是乾嘉时期的代表诗人之一，与赵翼、蒋士铨合称"乾隆三大家"，与赵翼、张问陶合称"性灵派三大家"。乾隆四年（1739）考中进士后，袁枚曾做过几任小官，四十岁就告老还乡了。

袁枚的后半生都是在随园中度过的。随园在康熙年间（1662—1722）是江宁织造曹寅家族园林的一部分。曹家被抄没后，此园归于接任江宁织造的隋赫德。不久隋家也被抄，袁枚在乾隆十三年（1748）以300两白银将园买下，名为"随园"。当时"园倾且颓，……百卉芜谢，春风不能花"。袁枚购得后加以整治，由于是"随其丰杀繁瘠，就势取景"，因此名为"随园"，而且自号"随园老人"。他在《杂兴诗》中写道："造屋不嫌小，开池不嫌多；屋小不遮山，池多不妨荷。"袁枚在园中过着怡然自得的生活，放情声色，不复出仕之念。随园四面无墙，每逢佳日，游人如织，正如门联上所写："放鹤去寻山鸟客，任人来看四时花。"袁枚在随园度过了自己的后半生，并且在园中留下了最重要的几部著作，有《小仓山房诗文集》、《随园诗话》、《随园随笔》和《随园食单》。

《随园食单》成书于乾隆五十七年（1792）。全书分为须知单、戒单、海鲜单、江鲜单、特牲单、杂牲菜单、羽族单、水族有鳞单、水族无鳞单、杂素菜单、小菜单、点心单、饭粥单和茶酒单14个部分。袁枚先在"须知单"中提出了的20条操作要求，在"戒单"中提出了14个注意事项，接着用大量篇幅详细记述了当时流行的326种南北菜肴饭点，还包括点心、饭粥和茶酒等，从选料、做法到味道都有所叙及。其中有关饮食卫生、饮食方式以及菜品搭配等观点，就是在今天看来，依然见解独到，读来获益多多。从《随园食单》中可以看出，许多传统菜肴的做法和口味几百年来一脉相承，袁枚所推崇的美食如今仍然广受欢迎，书中记载的制法步骤也依然非常实用。

本书选取了《随园食单》中具有代表性的章节，以全新的视角加以解读，读者不仅可以看到传统烹饪技法在几百年间的演变与传承，还可重新领略古代文人的生活情趣和闲情雅意。

目录

序

诗人美周公而曰"笾豆有践①"，恶凡伯②而曰"彼疏斯稗③"。古之于饮食也，若是重乎？他若《易》称"鼎烹"。《书》称"盐梅"④。《乡党》《内则》⑤琐琐言之。孟子虽贱饮食之人，而又言饥渴未能得饮食之正。可见凡事须求一是处，都非易言。《中庸》⑥曰："人莫不饮食也，鲜能知味也。"《典论》⑦曰："一世长者知居处，三世长者知服食。"古人进鬐离肺⑧，皆有法焉，未尝苟且。"子与人歌而善，必使反之，而后和之。"圣人于一艺之微，其善取于人也如是。

【注释】

①笾豆有践：出自《诗经·小雅·伐木》，意为宴席上的餐具摆列整齐。
　　笾和豆都是古代食器，竹制为笾，木制为豆。

②凡伯：周幽王时期的一位大夫。

③彼疏斯稗：出自《诗经·大雅·召旻》，意为该吃粗粮的人现在吃的却是精米。

④《书》称"盐梅"：《书》，指《尚书》。盐梅，即用做调料的盐和梅子。

⑤《乡党》、《内则》：《乡党》为《论语》中的篇名。《内则》为《礼记》中的篇名。

⑥《中庸》：为《礼记》中的篇名。

⑦《典论》：三国时期曹丕曾著有《典论》五卷，原书已散佚。这里或指他书，作者不详。

⑧进鬐（qí）离肺：出自《仪礼》和《礼记》。鬐，原指鱼的背鳍，这里指鱼或鱼翅。离肺，指分割猪、牛、羊等祭祀用牲畜的肺叶。

大克鼎（西周）

【解读】

　　《诗经》中用"盛满食品的食器，行列整齐地摆放在桌上"做比，赞扬周公治国有方，而用"让别人吃粗粮，自己反而吃细粮"来指责凡伯没有德行。这正反两个例子足以说明古人对饮食的重视，所谓"治大国如烹小鲜"就是这个意思。文中用了诸多典籍和圣贤之人的话来说明饮食中自有大道理。饮食之道看似微末，却蕴含着诸多人世哲理，圣人对唱歌这样的微小技艺都能虚心好学，一丝不苟，饮食也当如是。袁枚为自己爱吃、会吃找到了理论依据。吃亦有道，也引得读者对他的好吃心得产生了浓厚兴趣。文中还提到了古代一些饮食知识，如以鼎煮食。鼎是商周时期用来烹煮和盛贮肉类的器具，多为圆形或方形，下有三足或四足，后来发展为一种祭祀的礼器，乃至国家、政权的象征，"问鼎中原"就是这个意思。"盐"，古作"鹽"，本意是在器皿中煮卤。汉代文字学著作《说文解字》中记述：天生者称卤，煮成者叫盐。据推断，中国人大约在神农氏（炎帝）与黄帝之间的时期开始煮盐，最早的盐是用海水煮出来的。至于梅子调出的味应是酸味，《尚书·说命》云："若作和羹，尔惟盐梅。"商周时期人们还没有学会酿醋，所以酸味的调味只能用梅子来实现。

同时，袁枚认为美食之道是非常高深的，正如曹丕《典论》中所说：
"一代尊贵者，只知道建造舒适的居处；三代尊贵者，才能真正掌
握饮食之道。"比如，古时规定，用鱼和牲畜的肺作为祭品进献时，
鱼脊要朝向享用者、割肺要连带着心等等。可见饮食之道有着严谨
的规矩，不可马虎了事。

余雅慕此旨①，每食于某氏而饱，必使家厨往
彼灶觚②，执弟子之礼。四十年来，颇集众美。有
学就者，有十分中得六七者，有仅得二三者，亦有
竟失传者。余都问其方略，集而存之。虽不甚省记，
亦载某家某味，以志景行③。自觉好学之心，理宜
如是。虽死法不足以限生厨，名手作书，亦多出入，
未可专求之于故纸④；然能率⑤由旧章，终无大谬。
临时治具⑥，亦易指名。

【注释】

①雅：极，甚之意。旨：旨意，精神。
②灶觚（gū）：灶口平地突出之处，这里指厨房。
③景行：崇高的德行。亦作仰慕之情。文中指后者。
④故纸：旧纸，指古旧书籍。
⑤率：遵循沿用。
⑥治具：准备器具，置办酒席。

　　袁枚不但对前人在饮食上细微严谨的精神十分敬慕，而且他在谁家中吃到美食，就会让自家的厨师去学习。就这样，四十年来，他搜集了众家的烹饪技法，并且仔细研讨、细心记录，其中不少菜肴已经基本能够掌握，一些只是略懂皮毛，也有一部分只是略有耳闻。然而，就算是略有耳闻的菜色，他也会记下出自某家某菜，以表达他的仰慕之情。可见，作为一个美食家，袁枚无疑做得非常到位。

　　在这里，袁枚的思想是很开通的：他认为饮食既不能墨守成规，又不能脱离前人的经验，只有在有章可循的基础上灵活运用，才能做出美味佳肴来。

　　或曰："人心不同，各如其面。子能必天下之口，皆子之口乎？"曰："执柯以伐柯①，其则不远。吾虽不能强天下之口与吾同嗜，而姑且推己及物②；则食饮虽微，而吾于忠恕③之道，则已尽矣。吾何憾哉！"若夫《说郛》所载饮食之书三十余种④，眉公、笠翁⑤，亦有陈言。曾亲试之，皆阏于鼻而蜇于口⑥，大半陋儒附会，吾无取焉。

【注释】

①执柯以伐柯：出自《诗经·豳风·伐柯》。伐，砍伐；柯，斧柄。
②推己及物：把自己的喜好传给别人。

③忠恕：儒家伦理思想。"忠"要求积极为人，"恕"要求推己及人。

④《说郛（fú）》：元末明初的学者陶宗仪所编的一部丛书，汇集秦汉至宋元名家作品，包括经史传记、百氏杂书、考古博物、山川风土、虫鱼草木、诗词评论、古文奇字、奇闻怪事、问卜星象等内容。是历代私家编集大型丛书中较重要的一种，其中饮食方面的笔记有三十余处。

⑤眉公、笠翁：眉公，明代文学家陈继儒（1558—1639），字仲醇，号眉公。著有《眉公全集》。笠翁，即清代著名剧作家李渔，字笠鸿，号笠翁，著有《闲情偶寄》十六卷，其中也记述了饮食方面的事。

⑥阏（è）于鼻而蜇于口：（不好的气味）阻塞了鼻子，（难吃的味道）像蜜蜂一样蜇了人的口。意思是食物十分难闻、难吃。

【解读】

在饮食的好恶上每个人都有自己的标准，所谓众口难调。而袁枚则认为，只要按照正确的原则去做，就不会有太大的偏差。虽然无法强求众人的口味与自己一致，但也不妨碍把自己的想法向人推荐。在这方面，他自认为贯彻了儒家的"忠恕之道"，便没有什么遗憾了。

对于前人的"经验之谈"，袁枚曾亲自进行验证。比如，明人陶宗仪所编的大型类书《说郛》中，关于饮食方面的笔记有三十余处；明代陈继儒的《眉公全集》和清代李渔的《闲情偶寄·饮馔部》里也记述了诸多饮食方面的事。然而袁枚根据这些书所载的烹饪方法进行试制，结果却不尽如人意，甚至有些菜肴闻之刺鼻，难以下咽。由此可知，那些记载大都是一些无聊文人的牵强附会，不会收录在《随园食单》中。

李渔画像

须知单

学问之道，先知而后行，饮食亦然。作《须知单》。

【解读】

开篇，袁枚谈论的是烹饪之前必须注意的地方。正如探求学问首先要掌握理论知识，然后再付诸实践一样，饮食烹调也应循序渐进，所以袁枚先写了这个《须知单》。

先天①须知

凡物各有先天，如人各有资禀。人性下愚，虽孔、孟教之，无益也；物性不良，虽易牙②烹之，亦无味也。指其大略：猪宜皮薄，不可腥臊；鸡宜骟嫩③，不可老稚④；鲫鱼以扁身白肚为佳，乌背者，必崛强于盘中⑤；鳗鱼以湖溪游泳为贵，江生者，必槎丫⑥其骨节；谷喂之鸭，其膘肥而白色；雍土之笋⑦，其节少而甘鲜；同一火腿也，而好丑判若天渊；同一台鲞⑧也，而美恶分为冰炭⑨。其他杂物，可以类推。

大抵一席佳肴，司厨之功居其六，买办之功居其四。

【注释】

①先天：这里指物（食物）的本性，即没有加工之前就已具备的特性。

②易牙：或称"狄牙"，雍人，名巫，亦称"雍巫"。春秋时期齐桓公宠信的佞臣，擅长烹调，善于逢迎，相传曾烹其子为羹献给齐桓公。后成为名厨的代名词。

③骟（shàn）嫩：古人把被阉割的牲畜称为骟。嫩，指幼嫩。

④老稚：指太老和太小的（鸡）。

⑤崛强：僵硬不屈曲。乌背的鲫鱼因脊背上的骨头粗，放在盘中僵硬难看。

⑥槎丫（chá yā）：原指树枝交错零落，此处形容鱼刺纵横杂乱。

⑦壅土之笋：指在肥沃的土壤中生长的笋。

⑧台鲞（xiǎng）：指浙江台州出产的各类鱼干。鲞，鱼干、腌鱼。

⑨冰炭：指二者有天地般的区别，像冰雪和火炭一样不能相容。

【解读】

正所谓"巧妇难为无米之炊"，原料的准备是烹饪成功的首要环节。无论是动物类还是植物类的食材都有着不同的特性。如果原料品质低劣，那么即使是像易牙那样的名厨也难以将其烹制成美味，正如孔子所说"朽木不可雕也"。

袁枚认为，原料的优劣首先和其生长的时间及生理特点息息相关。比如，猪肉要选皮薄的，也就是要选嫩猪，老母猪因为生长时间长，故皮厚而肉老；鸡要选用阉过的为好，因为它们的运动量较小，肉质细腻肥嫩。

其次，原材料的优劣还和生长的环境有关。如鲫鱼要选扁身白肚的，因为乌背的鲫鱼脊背骨粗，做熟后放在盘中形态会很僵硬；又如，在沃土中生长的竹笋，竹节少而味道甘鲜。其他各种物品，都可以以此类推。

新鲜竹笋

袁枚认为，要真正炮制出美味佳肴，厨师的功劳只占六成，其余四成则在于食材的采办人。这一原则在今天尤为适用。

作料须知

厨者之作料，如妇人之衣服首饰也。虽有天姿，虽善涂抹，而敝衣蓝褛①，西子②亦难以为容。善烹调者，酱用伏酱③，先尝甘否；油用香油，须审生熟；酒用酒酿，应去糟粕；醋用米醋，须求清冽。且酱有清浓之分，油有荤素之别，酒有酸甜之异，醋有陈新之殊，不可丝毫错误。其他葱、椒、姜、桂、糖、盐，虽用之不多，而俱宜选择上品。苏州店卖秋油④，有上、中、下三等。镇江醋颜色虽佳，味不甚酸，失醋之本旨矣。以板浦⑤醋为第一，浦口醋⑥次之。

【注释】

①西子：春秋时期越国的美女西施，后成为中国古代美女的典范。

②蓝褛：又作"褴褛"，指衣服破烂。

③伏酱：在三伏天用豆类和面粉制作的酱及酱油，因天气炎热干燥，酱发酵充分，质量最佳。

④秋油：酱经过三伏天的曝晒发酵，到深秋时节滤出的第一抽酱油，就是"秋油"，即质量最好的酱油。

⑤板浦：隶属于今江苏省连云港市板浦镇，建于隋末唐初，是历史悠久的文化古镇。板浦的醋以高粱酿成，风味独特。

⑥浦口：即今江苏省南京市浦口区。

【解读】

中国有句古语叫"五味调和百味香"，中国烹饪十分重视调味，调味品种类繁多，其应用也有十分悠久的历史。

优质食材固然重要，但调味品的质量也不可忽视。例如，袁枚所提到的酱，就是以豆类、小麦粉、水果、肉类或鱼虾等为主要原料加工而成的调味品。早在据说为东汉班固所著的《汉武帝内传》中，记载了西王母来到人间见汉武帝，并告诉他神药上有"连珠云酱"、

露天晾晒的酱缸（图片提供：FOTOE）

"玉津金酱"，还有"无灵之酱"，于是就有制酱法是西王母传至人间的说法。文中提到，酱要用三伏天发酵制作的伏酱，而酱油则以深秋抽取的第一道"秋油"最好。以现代科学的观点，第一道"秋油"中富有多种氨基酸，味道尤为鲜美。

醋的酿造也有很长的历史。传说中酿醋之术是由酿酒大师杜康的儿子发明的，他在酿酒之余觉得酒糟扔掉可惜，因此在偶然间酿成了"醋"。醋多由高粱、大米、酒或酒糟发酵制成。由于各地用来酿醋的原料、工艺、口味习惯不同，所产醋的风味也相差很大。在中国北方，最著名的醋当属山西老陈醋；而在南方，最负盛名则是镇江香醋。袁枚在文中批评镇江醋不够酸，其实这正是镇江醋的特点，味鲜而微甜。而文中盛赞的板浦醋以"汪恕有滴醋"为最佳，据说连乾隆皇帝尝过后都赞不绝口。

调味品的选用还要根据菜肴的要求，从生熟、荤素、浓淡、清浊等方面进行选择，使用时不能有丝毫差错。

洗刷须知

洗刷之法，燕窝去毛，海参去泥，鱼翅去沙，鹿筋去臊。肉有筋瓣，剔之则酥；鸭有肾臊①，削之则净；鱼胆破，而全盘皆苦；鳗涎②存，而满碗多腥；韭删叶而白存，菜弃边而心出。《内则》③曰："鱼去乙④，鳖去丑⑤。"此之谓也。谚云："若要鱼好吃，洗得白筋出。"亦此之谓也。

【注释】

① 肾臊：指雄鸭的睾丸，臊味极浓。

② 鳗涎：指鳗鱼身上的一层黏液，较腥。

③《内则》：《礼记》中的一篇。

④ 乙：鱼眼后腮边的颊骨，形似"乙"字状。也说为鱼肠，均为腥臊的部位。

⑤ 丑：鳖的肛门及生殖器。

【解读】

在烹调前，需要对原材料进行洗刷，也就是粗加工的步骤。加工得当与否直接影响到菜肴的制作质量。文中主要提到了两个方面，一是要去除食材中的杂质，比如燕窝要清除残存的毛絮、海参要冲洗附着的泥土、鱼翅要刷去残留的沙子。否则在品尝这些价格不菲的美味佳肴时，吃到些许羽毛、泥土、沙子，可是相当败兴的一件事情。

第二就是要去除食材中带有异味的部分。如鹿筋通常带有浓厚的膻臊气味，食用前要先用开水滚煮烧烂，用清水过了，去净筋上的肉，切成小段，再加入酒和老姜煮过，然后用清水洗净、浸泡，需用时取之。又如，鱼胆也要小心去掉，否则苦胆一旦破裂，难溶于水的胆汁会渗入到鱼肉中，苦味很难洗掉。对于鳗鱼，则要洗净鱼身上的黏液，不然会满碗皆腥，一般的方法是用七八成热的盐水略泡一下，然后用稻草或丝瓜络将其除净。蔬菜的择洗也有讲究，韭菜要去掉残叶留下白茎部分，青菜要剥去边叶只留菜心，这样吃起来口感才会好。

《庖厨图》画像石（东汉）（图片提供：微图）

调剂须知

调剂之法，相物而施①。有酒、水兼用者，有专用酒不用水者，有专用水不用酒者；有盐、酱并用者，有专用清酱不用盐者，有用盐不用酱者；有物太腻，要用油先炙②者；有气太腥，要用醋先喷者；有取鲜必用冰糖者；有以干燥为贵者，使其味入于内，煎炒之物是也；有以汤多为贵者，使其味溢于外，清浮之物是也。

【注释】

①相物而施：针对不同的物品施用不同的调剂。
②用油先炙：先在油中汆过。

【解读】

此节主要谈到了烹饪过程中味道调和的问题。调味的具体方法要视菜肴而定，根据不同的食材特性采用不同的调剂方法。单一或多种调味品的运用，可以使原食材中不良的气味消散，发挥食材的鲜美之味，也可以调整食物的味道，充分调动其特色之处。

比如肥肉之类的食物，膘肥油腻，难以入口，所以可以先煮到七八成熟，再在油中汆一下，令食物收缩、脂肪融化，以减少肥腻；又如虾、蟹之类带有腥味的食材，出锅前用醋喷一下，就可以去除腥味；还有甲鱼、鳗鱼之类，制作时要用到冰糖，可以使卤汁收浓，紧裹食材，令其味道更佳。

配搭须知

谚曰："相女配夫。"《记》①曰："儗人必于其伦②。"烹调之法，何以异焉？凡一物烹成，必需辅佐。要使清者配清，浓者配浓，柔者配柔，刚者配刚，方有和合之妙。其中可荤可素者，蘑菇、鲜笋、冬瓜是也。可荤不可素者，葱、韭、茴香、新蒜是也。可素不可荤者，芹菜、百合、刀豆是也。常见人置蟹粉于燕窝之中，放百合于鸡、猪之肉，毋乃唐尧与苏峻对坐③，不太悖乎？亦有交互见功者④，炒荤菜，用素油，炒素菜，用荤油是也。

【注释】

① 《记》：即《礼记》。

② 儗（nǐ）人必于其伦：评判一个人，必须与他的同类人作比较。儗，比拟；伦，同辈，同类。

③ 唐尧与苏峻对坐：唐尧，传说中的古帝名，号陶唐氏，传位于舜。苏峻，西晋末年的著名将领，《晋书》有传。

④ 交互见功者：交互见功，两种原料配合在一起使用，增加了菜肴的滋味，相互都能发挥自己的长处。

【解读】

中国的饮食烹调用料范围非常广泛，而各种食材搭配的恰当与否，对菜肴的烹制具有相当重要的意义。俗话说："相女配夫。"什么样的女子配什么样的丈夫，菜肴也是一样。

袁枚提出自己对食材搭配的见
解：清淡的菜肴配清淡的调料，浓
烈的菜式配厚重的调料，柔者配
柔，刚者配刚，这样才能做出和谐
美味的菜肴。有些食材既可配荤
也可配素，如蘑菇、鲜笋和冬瓜；
有些食材只可配荤，如葱、韭菜、茴
香、大蒜等；而芹菜、百合、刀豆则被列

韭菜炒虾仁

入只能与素菜相配的食材。其实对现代人而言，
芹菜、百合、刀豆也常常被用作荤菜的配料，尤其是芹菜味道清淡，
而刀豆不易入味，与荤菜搭配会更有滋味，如芹菜炒肉丝、猪肝炒刀
豆等都是常见的菜式。总之，不同的食材有不同的形质特色，配菜也
各有特点，不可混淆，否则就会闹出"唐尧与苏峻对坐"的笑话了。

不过在荤油和素油的使用上，袁枚又提出可以交替选用，以求
"交互见功"。荤菜用素油，可以减少油腻，保持菜肴的色度；而素
菜用荤油，可以增加香味。食料的搭配固然遵循一定的规律，也需要
厨师灵活运用。

独用须知

　　味太浓重者，只宜独用，不可搭配。如李赞皇、
张江陵一流①，须专用之，方尽其才。食物中，鳗也，
鳖也，蟹也，鲥鱼也，牛羊也，皆宜独食，不可加
搭配。何也？此数物者味甚厚，力量甚大，而流弊

亦甚多，用五味调和，全力治之，方能取其长而去其弊。何暇舍其本题，别生枝节哉？金陵人好以海参配甲鱼，鱼翅配蟹粉，我见辄攒眉。觉甲鱼、蟹粉之味，海参、鱼翅分之而不足；海参、鱼翅之弊，甲鱼、蟹粉染之而有余。

【注释】

①李赞皇、张江陵一流：李赞皇，唐宪宗时的宰相李绛，字深之，河北赞皇人。张江陵，明神宗时的首辅张居正，湖北江陵人。两人都以办事精明果断而著名。

【解读】

　　对于一些味道浓郁的食材，作者认为适宜单独做成菜肴，不宜与其他食材搭配。对于这些食材，还需要细心调和五味，以尽其所长，避其所短。不可混乱配用，以防影响甚至污染了食材的正味。

　　适于单独使用的食材包括鳗鱼、甲鱼、螃蟹、鲥鱼及牛羊肉等。就拿人们都喜欢吃的甲鱼来说，它肉味鲜美、营养丰富，具有鸡、鹿、牛、羊、猪五种肉的美味，故素有"美食五味肉"的称号。但甲鱼体内的黄色油脂腥味浓重，一定要去除干净，姜、葱、料酒之类就是去腥提鲜的，运用好这些才能得其美味而去其异味。又如螃蟹，隋炀帝就以蟹为食品第一，《清异录》记载："炀帝幸江都，吴中贡糟蟹、糖蟹。每进御，则上旋洁拭壳面，以金镂龙凤花云贴其上。"清代的戏剧家和美食家李渔也嗜食螃蟹，人称"蟹仙"。他曾言："蟹之鲜而肥，甘而腻，白似玉而黄似金，已造色香味三者之极致，更无一物可以上之。"螃蟹的味道鲜美独特，若和其他食物一起吃，无疑是暴殄天物了。同时，由于螃蟹性寒且腥味重，在煮食螃蟹时，可加入一些紫苏叶、鲜生姜，以解蟹毒，减其寒性；若加上一壶温热的上等花雕酒佐之，则更添风味。

蟹粉豆腐（图片提供：微图）

　　文中还举例说金陵（今南京）人爱用海参配甲鱼、鱼翅配蟹粉，导致甲鱼、蟹粉的味道被海参和鱼翅分掉了，而海参、鱼翅的弊端也影响到了甲鱼和蟹粉。虽然早在清代的袁枚就批判过这种做法，可是现在还是有人这样做，无非是为了凸显菜肴的尊贵，想要锦上添花，可是难免贻笑大方。

火候须知

　　熟物之法，最重火候。有须武火者，煎炒是也；火弱则物疲矣。有须文火者，煨煮是也；火猛则物枯矣。有先用武火而后用文火者，收汤之物是也；性急则皮焦而里不熟矣。有愈煮愈嫩者，腰子、鸡蛋之类是也。有略煮即不嫩者，鲜鱼、蚶蛤之类是也。肉起迟则红色变黑，鱼起迟则活肉变死。屡开锅盖，则多沫而少香。火熄再烧，则走油而味失。道人以丹成九转为仙，儒家以无过、不及为中。司厨者，能知火候而谨伺之，则几于道矣①。鱼临食时，色白如玉，凝而不散者，活肉也；色白如粉，不相胶粘者，死肉也。明明鲜鱼，而使之不鲜，可恨已极。

【注释】

①几于道矣：（掌握好火候）就差不多等于掌握了烹饪技术。道，指烹饪之道。

【解读】

火候，指烹饪的制熟阶段所用火力大小和时间长短，而火候的掌握是中国传统烹调技法中非常重要的一环。袁枚提出，烹调时要根据食材的性质掌握火候，有的需用武火煎炒，有的需用文火煨煮，如能完全掌握并灵活运用文武火，就等于掌握了烹饪技艺的一大部分。一道成功的菜肴必须做到火候合适，添一点则过火，差一点则欠火，其中微妙之处要靠厨师小心拿捏。

软、嫩、脆的食材多用旺火速成，可以减少菜肴在加热时营养成分的损失，并能保持原料的鲜美脆嫩，适用于熘、炒、烹、炸、爆、蒸等烹饪方法。老、硬、韧的食材多用小火长时间烹调，使其酥烂、入味，适用于烧、炖、煮、焖等方法。比如家常的清炖牛肉，即以文火烧煮。若用武火，那么就会使牛肉外形不整，汤中出现牛肉渣而浑浊，更不足的是牛肉表面烂熟而内里却仍然难以咬嚼。而在制作葱爆羊肉、涮羊肉、水爆肚等肉质鲜嫩的菜肴时，必须沸入沸出。原因在于旺火烹调的菜肴，能使主料迅速受高温，纤维急剧收缩，使肉内的水分不易浸出，吃时就脆嫩。

可见，火候不仅影响到食物的生熟，还直接影响菜肴的色香味形。因此，"三分技术七分火"成为了中国饮食烹调技艺的经验之谈。

色臭须知

目与鼻，口之邻也，亦口之媒介也。嘉肴到目、到鼻，色臭①便有不同。或净若秋云，或艳如琥珀，其芬芳之气，亦扑鼻而来，不必齿决之②，舌尝之，而后知其妙也。然求色不可用糖炒，求香不可用香料。一涉粉饰，便伤至味。

【注释】

①色臭：颜色与气味。
②齿决之：用牙齿咬嚼判断。

【解读】

中国菜相较于异国菜肴，注重的是"色香味美"。色，指的是食物的颜色要漂亮，能吸引人，让人一看到就充满食欲，这是人们对菜肴的第一印象；香，自然就是食物的香味，香气扑鼻，令人垂涎欲滴，嗅觉也是在人类记忆中保存最久的感觉，这是人们对于食物的第二印象；味，就是菜肴的味道，最重要的是适口，令人回味无穷。

要达到"色香味美"，一是通过加热烹调，引出食物原料的香气和味道，让食材体现出其特有的色彩和形态。二是通过调味，增加食材的香味和颜色。袁枚在这一小节中说的糖炒，就是把糖在锅里炒焦，加入开水制成酱色，可以使肉变为深红色，更加好看，引人食欲。但在袁枚看来，炒糖色的做法，包括加入香料烹饪，都会破坏食物原本的色香，是不可取的。

迟速须知

凡人请客，相约于三日之前，自有工夫平章①百味。若斗然②客至，急需便餐；作客在外，行船落店。此何能取东海之水，救南池之焚乎？必须预备一种急就章③之菜，如炒鸡片，炒肉丝，炒虾米豆腐，及糟鱼④、茶腿⑤之类，反能因速而见巧者，不可不知。

【注释】

①平章：品评。这里指考虑、准备，商量处理。

②斗然：突然。

③急就章：原为汉元帝时黄门令史游编写的一部蒙童识字课本，后借喻为因应付需要而仓促完成的文章或工作。这里指临时做成的菜肴。

④糟鱼：用酒或糟腌制的鱼。

⑤茶腿：用茶叶熏过的火腿。

【解读】

俗话说"慢工出细活"，烹制菜肴也是这样。但袁枚认为，一个好的厨师不仅要能烹制各种精工细作的菜肴，而且也要能够应付各种特殊的场合和要求，在短时间内烹制出美味小菜。比如文中提到的糟鱼和茶腿，都是可以随时拿出来待客的冷盘菜肴。糟鱼是将鲜鱼加上酒糟腌制而成，本是过去为延长鱼肉储存时间而采用的加工方法。江浙一带各家各户都会做糟鱼，而且各地味道各具特色，用的原料一般是自家酿制米酒时剩下的酒糟，经过盐腌的鱼加上清甜的酒糟，香气扑鼻，味美爽口。茶腿是火腿的一种，即用茶叶熏过的火腿，肉质红亮，清香鲜美，煮熟或蒸熟后可以随时切作冷盘，烹制时非常方便快捷。而炒鸡片、炒肉丝、炒虾米豆腐等菜肴，都可就地取材，制作简单快捷，同时又精巧美味，也是应急菜式的上佳之选，能够充分体现出一个厨师烹饪技术的高超、精巧和灵活。

变换须知

一物有一物之味，不可混而同之。犹如圣人设教，因才乐育①，不拘一律。所谓君子成人之美也。今见俗厨，动以鸡、鸭、猪、鹅，一汤同滚，遂令千手雷同，味同嚼蜡。吾恐鸡、猪、鹅、鸭有灵，必到枉死城②中告状矣。善治菜者，须多设锅、灶、盂、钵之类，使一物各献一性③，一碗各成一味。嗜者舌本应接不暇，自觉心花顿开。

①因才乐育：因材施教。
②枉死城：按迷信的说法，那些冤屈而死的人，死后都集中在枉死城。
③一物各献一性：一种食物各自表现出自己的一种特性。献，表现、
　　显示。

【解读】

　　因材施教虽然说的是教育，不过这个道理放在烹饪上也同样适
用。每一样食材都有自己独特的性质，而中国的烹调技艺讲究的是多
艺多变，因而，一锅同烹的"大杂烩"是很难烹制出美味佳肴的。袁枚
认为，好的厨师除了善于运用不同的食材外，还要注意烹调方式的多
样性。他还幽默地说，要是那些死去的鸡、猪、鹅、鸭知道自己并没
有变成美味佳肴，而是一锅乱炖了，口味吃起来千篇一律，都会"死
不瞑目"，到枉死城中去告状了。要想一菜一格，百菜百味，就不能
怕麻烦，什么料用什么汤才能各有各的味。一个高明的厨师，要多设
灶、锅，将鸡、鸭、鹅、猪分别煮余，将汤分别盛于盂钵里，烹制各
菜时，用各种汤汁。

器具须知

古语云：美食不如美器。斯语是也。然宣、成、嘉、
万①，窑器太贵，颇愁损伤，不如竟用御窑②，已觉
雅丽。惟是宜碗者碗，宜盘者盘，宜大者大，宜小
者小，参错其间，方觉生色。若板板③于十碗八盘

之说，便嫌笨俗。大抵物贵者器宜大，物贱者器宜小。煎炒宜盘，汤羹宜碗，煎炒宜铁锅，煨煮宜砂罐。

【注释】

①宣、成、嘉、万：指明代宣德、成化、嘉靖、万历四朝，是明代官窑瓷器取得很高成就的时期，这四朝的瓷器制作精致，非常昂贵。

②竟用御窑：竟，从头到尾，全。御窑，生产宫廷用品的瓷窑。

③板板：形容呆板、固执，不知变通。

【解读】

中国传统的饮食讲究色、香、味、形、器俱全，其中器就是器皿。餐具虽然本身不能吃，但带来了美感，带来了情趣，是菜品的嫁妆。如果说器皿简陋，就算食物再精美，也很难撩起食者的食欲。美食佳肴必须要精致的餐具烘托，才能达到完美的效果。

早在上古时期，黄帝造甑（陶制蒸锅），开创了中国食器的先河。商周时期，主要的食器有鼎、簠、簋等，后演变为祭祀专用礼器，所以中国自古便有"礼始于食"之说。同时卢（饭食具）、盂（汤食具）、箸（进食具）、爵（饮酒具）等相继问世，而后随着工艺的发展，金银器、瓷器、玉器等都极大地丰富了食器文化。

食物和食器的关系很微妙。古人认为饮是阳，食是阴；以火烹熟的肉食为阳，谷物为阴；金属器为阳，陶、木器

青花夔龙纹碗（明 成化）

为阴。所以古人盛放肉肴的大多用陶瓷器皿，盛放谷类及以谷物酿造的酒则多用金属器皿，以期阴阳相接，调和养生。而在现代，造型各异的食器参差组合，朴实的家常菜也因此变得活色生香。

青花缠枝莲纹盘（明 宣德）

对于中国人来说，有什么样的菜式就有什么样的食器。如珍贵的菜用大盘；而普通的菜如土豆丝、圆白菜之类则用小盘，显得实惠；爆炒菜用平盘，烧烩菜用窝盘，汤羹炖菜用海碗，鱼菜还有长椭圆形的鱼盘等等。器皿不在于有多昂贵华丽，而在于与食物的搭配和谐，让吃饭这件事脱离寻常碗筷的烟火气味，变得赏心悦目起来。

上菜须知

上菜之法：盐者宜先，淡者宜后；浓者宜先，薄者宜后；无汤者宜先，有汤者宜后。且天下原有五味，不可以咸之一味概之。度客食饱，则脾困①矣，须用辛辣以振动之；虑客酒多，则胃疲矣，须用酸甘以提醒②之。

①脾困：脾脏困乏。
②提醒：指醒酒提神。

【解读】

　　中国是礼仪之邦，自然饮食之道也遵循着一定的礼仪规范。上菜顺序的合理与否，事关宴会的气氛、客人的食兴，可以体现出主人的文化素质和对客人的尊重。上菜的顺序不仅要依当地风俗、习惯进行，而且还要视客人的情况适当调整。一般次序是先冷菜后热炒，或大菜——甜菜——点心。上热炒菜时还应根据烹调方法的不同、品味的差别、荤素菜的区分等合理间隔上桌，其间也可上一道咸味点心，最后再上甜菜、甜点心。

　　上菜的顺序除了礼仪上的因素外，还与人的味觉息息相关。人的味觉很容易产生审美疲劳，独味就容易倒胃口。不同菜肴味道和味型的转换，对人的味觉产生刺激，可以让食客在协调的节奏中不断产生食欲，这也是中国饮食美学独有的特色。

《进食图》画像砖（魏晋）

时节须知

夏日长而热，宰杀太早，则肉败矣。冬日短而寒，烹饪稍迟，则物生矣。冬宜食牛羊，移之于夏，非其时也。夏宜食干腊①，移之于冬，非其时也。辅佐之物，夏宜用芥末，冬宜用胡椒。当三伏天而得冬腌菜，贱物也，而竟成至宝矣。当秋凉时而得行鞭笋②，亦贱物也，而视若珍馐矣。有先时而见好者，三月食鲥鱼是也。有后时而见好者，四月食芋艿是也。其他亦可类推。有过时而不可吃者，萝卜过时则心空，山笋过时则味苦，刀鲚③过时则骨硬。所谓四时之序，成功者退，精华已竭，褰裳④去之也。

【注释】

①干腊：在寒冬腊月里加工干制而成的各种肉类食品。
②行鞭笋：竹笋的一种，因其形如鞭而得名。
③刀鲚（jì）：即刀鱼。
④褰（qiān）裳：提起衣裳，撩起衣裳。形容动植物过了季节匆匆离去的样子。

【解读】

中国饮食烹调很注意时令相配，食材的选择讲究顺应时节，烹饪方式也必须符合食材的自然属性，做到"天时、地利、人和"。这

山笋过时则味苦（图片提供：微图）

是因为，食物本身的特性不同，在不同的时节食用，人体适应和吸收也是完全不同的。食材如果能在相配的时节被采用，那么就能在其生长旺盛之时，保证最为充足的养分、水分和丰富的营养物质。如果不在恰当的时节食用，那么很有可能味道变质，削弱了其口感和营养价值。

袁枚还认为，一些食材在收获季节之前食用会有更好的味道，比如鲥鱼，虽然要到农历四、五月间上市，但三月份时更为鲜嫩。而有些食材又需要放上一段时间才更能体现出美味，如芋苗产于每年农历八、九、十月，如果在上市的季节把鲜芋头取下来晒干，放于草中储存到次年四月再吃。这时由于水分蒸发、养分浓缩，其味道会更加细腻、粉糯、甘甜。所以食物的食用时间并没有严苛的规则，需要不断总结经验，掌握不同食材与不同时令的配合关系。

多寡须知

用贵物①宜多，用贱物②宜少。煎炒之物多，则火力不透，肉亦不松。故用肉不得过半斤，用鸡、鱼不得过六两。或问：食之不足，如何？曰：俟食毕后另炒可也。以多为贵者，白煮肉，非二十斤以外，则淡而无味。粥亦然，然斗米则汁浆不厚，且须扣水，水多物少，则味亦薄矣。

【注释】

①贵物：价钱贵的食物。指鸡、鸭、鱼、肉及山珍海味之类。
②贱物：价钱便宜的食物。指蔬菜之类的配料。

【解读】

菜肴的烹制，还要注意荤素的分量和比重问题。在一道菜中，对于价钱贵重的原料如鸡鸭鱼肉及山珍海味，要遵循量多、块足的原则，而搭配的素菜等则要少一点，不可喧宾夺主，这样让食者才能对这道菜的珍贵一目了然。在对具体的食材进行烹饪的时候，既不能贪多，也不能一味地求少，要根据不同食材的性质和不同的烹调方法来决定食材原料的分量。

比如同样是猪肉，如果用于煎炒，那就不能超过半斤，不然肉多而火力小，就难以达到肉质酥松的要求。而此节特别提到的白煮肉，则要用到二十斤以上的猪肉。白煮是肉类最本色的烹饪方法，做得好的白煮肉肥而不腻，瘦而不柴，嫩而不烂，薄而不碎，最能吃出肉的本味。凡要煮肉，先在肉皮上用利刀横立刮洗三四次，然后下锅煮之，并随时翻转，不可盖锅，以闻得肉香为度。香气出时，即抽去灶内火，盖锅焖一刻捞起，切片吃，食之有味。至于白粥，也要注意米和水的比例问题，否则难以熬出浓醇的粥味来。

在现代而言，食物原料制作分量的讲究，不仅有关于发挥烹调的效果，另一方面也应照顾到因人因时定量，不造成食物的浪费。

洁净须知

切葱之刀，不可以切笋；捣椒之臼①，不可以捣粉。闻菜有抹布气者，由其布之不洁也；闻菜有砧板气者，由其板之不净也。"工欲善其事，必先利其器。"②良厨先多磨刀，多换布，多刮板，多洗手，然后治菜。至于口吸之烟灰，头上之汗汁，灶上之蝇蚁，锅上之烟煤，一玷③入菜中，虽绝好烹庖，如西子蒙不洁，人皆掩鼻而过之矣。

【注释】

①臼：舂米用的器具，一般为木制或石制。

②工欲善其事，必先利其器：出自《论语·卫灵公》，意思是工匠想要做好他的工作，必须先准备好自己的工具。

③玷：玷污，弄脏。

切生菜专用的刀和案板（图片提供：微图）

【解读】

自古以来，中国人对食品的洁净都非常重视，孔子在《论语·乡党》中讲了一段特别经典的话："鱼馁而肉败，不食。"袁枚概括了前人思想，把饮食卫生总结成四要：良厨要先多磨刀，多换布、多刮板，多洗手。刀要随时磨砺，抹布要经常清洗，工作台要永远锃亮，操作过程中随时收拾。追求洁净不光是保证安全健康的问题，而且对菜肴的质量也至关重要。用切过葱的刀去切笋，或用捣完花椒的臼去捣米，都会沾上异味。抹布不洁，菜肴必受污染，砧板不净，其恶臭味肯定会浸入菜中。至于吸烟的烟灰、头上的汗滴、灶上的蝇蚁、锅上的烟煤等这些污秽更要避免，一旦菜肴被这些脏东西玷污了，即使再高明的厨艺、再好的原料，食物品质也会大打折扣。

用纤①须知

俗名豆粉②为纤者，即拉船用纤也，须顾名思义。因治肉者要作团而不能合，要作羹而不能腻，故用粉以牵合之。煎炒之时，虑肉贴锅，必至焦老，故用粉以护持之。此纤义也。能解此义用纤，纤必恰当，否则乱用可笑，但觉一片糊涂。《汉制考》③齐呼曲麸④为媒，媒即纤矣。

注释】

①纤：拉船用的绳子。这里指"芡"，即做菜时勾芡用的芡粉，多为绿豆淀粉。

②豆粉：指绿豆淀粉。

③《汉制考》：宋代王应麟著，考究《汉书》《后汉书》诸志所记载汉代制度，仅举大端而细目简略，为随手抄录未成之书。

④曲麸：指酿酒用的曲饼。

【解读】

用纤，即勾芡，是一种常见的烹饪技法。一般是把淀粉溶在水中调成白色浆汁，然后根据要求淋在菜肴上。借助淀粉遇热糊化的特性，使菜汁稠浓，增加其对原料的附着力，从而使菜肴汤汁的浓度增加，保持菜肴的水分和鲜味，增添色彩和调整浓稠度，并能保持原来刀工的形象，保证菜肴的形态美。

不同的菜、不同的烹调方法，相应就有不同的勾芡方式，如炒芡、爆芡、溜芡、烧芡、扒芡、烩芡、米汤芡等。总的来说，勾芡分浓芡与薄芡两大类，炒、爆、烧、溜、焖、扒等菜多用浓芡，而烩菜和汤羹类菜则用薄芡，芡汁比较稀薄。勾芡多用淀粉，常用的有生粉、玉米淀粉、绿豆淀粉、土豆淀粉、薯干淀粉、小麦淀粉、木薯粉、菱粉、葛根粉、藕粉、吉士粉等。其中，以绿豆淀粉品质最好，不仅黏性足，而且芡汁洁白，富有光泽。

勾芡通常在菜肴接近成熟时进行，有拌芡、烹芡、卧芡、淋芡、点芡、浇芡、蒙芡诸多手法。拿捏勾芡的时机很重要，过早会使卤汁发焦，过迟则易使菜受热时间长，失去脆嫩的口味。勾芡的菜肴用油不能太多，否则卤汁不易粘在原料上，达不到增鲜、美形的目的；用单纯粉汁勾芡时，必须先将菜肴的口味、色泽调好，然后再淋入湿淀粉勾芡，才能保证菜肴的味美色艳。

选用须知

选用之法，小炒肉用后臀，做肉圆用前夹心①，煨肉用硬短勒②。炒鱼片用青鱼、季鱼③，做鱼松用鲜鱼④、鲤鱼。蒸鸡用雏鸡，煨鸡用骟鸡，取鸡汁用老鸡；鸡用雌才嫩，鸭用雄才肥；莼菜用头，芹韭用根；皆一定之理。余可类推。

【注释】

①前夹心：猪肩颈下部的肉，铲子骨上部，连有五根肋骨。其肉质老、筋多，吸收水分较大，适于做肉圆或肉馅。

②硬短勒：猪大排骨以下、奶脯以上的肋条肉。
③季鱼：即鳜鱼，又称"桂鱼"，肉质鲜嫩。
④鲜鱼：即草鱼，又叫"鲩鱼"。

【解读】

　　食物原料要与烹饪的方法相配合，食材的不同部位和不同的品类在外形和质量上均有一定差别，对烹调的方式、时间、火候的要求也各不相同，所以厨师在选用食物原料的种类、老嫩程度以及肥瘦搭配上都要考虑到烹调的方法。

　　我们常吃的猪肉，在入菜时就很有讲究，不同部位的肉有不同的做法。举例来说，里脊肉中无筋，是猪肉中最嫩的肉，可切片、切丝、切丁，作炸、熘、炒、爆之用最佳；臀尖肉都是瘦肉，肉质鲜嫩，可代替里脊肉，多用于炸、熘、炒；坐臀肉虽然全为瘦肉，但肉质较老，纤维较长，一般多作白切肉或回锅肉用；五花肉是一层肥肉、一层瘦肉相间的，适于红烧、白炖和粉蒸肉等用；夹心肉则质老有筋，吸收水分能力较强，适于制肉馅或肉丸子；蹄膀位于前后腿下部，后蹄膀又比前蹄膀好，红烧和清炖均可……可见，猪

用猪后臀肉做的小炒肉（图片提供：微图）

身上不同部位的肉确实有着不同的口感和质地，相应也要用在不同的烹饪方法和菜肴中。

疑似须知

味要浓厚，不可油腻；味要清鲜，不可淡薄。此疑似之间，差之毫厘，失之千里。浓厚者，取精多而糟粕去之谓也。若徒贪肥腻，不如专食猪油矣。清鲜者，真味出而俗尘无之谓也。若徒贪淡薄，则不如饮水矣。

【解读】

　　菜肴的味道非常讲究浓淡鲜薄，但这又不存在一个可以定量的标准，所以最重要的是要调配适宜，这就很考验厨师的水平。菜肴的味道要浓厚，也就是要取其精华而去其糟粕，但是又不能贪图肥腻，否则不如专食猪油了。以现代营养学观念来看，油腻的食物含有大量的脂肪、胆固醇，如肥肉、油炸食品、各种糕点等。这些东西吃多了易导致肥胖、胆结石、高血糖等病症，对身体有害无益。菜肴的味道要清鲜，是指突出食材本味，而不是淡泊寡味，否则还不如喝清水。

　　正所谓"增之一分则太长，减之一分则太短"，菜肴的荤素浓淡没有严格的标准，最重要的是调配合宜。最好能既满足食者的口味又要符合营养均衡的要求，切勿以偏概全，过犹不及。

补救须知

名手调羹，咸淡合宜，老嫩如式①，原无需补救。不得已为中人②说法，则调味者，宁淡毋咸，淡可加盐以救之，咸则不能使之再淡矣。烹鱼者，宁嫩毋老，嫩可以加火候以补之，老则不能强之再嫩矣。此中消息，于一切下作料时，静观火色，便可参详。

【注释】

①如式：一如标准，符合常规。式，常规。
②中人：被列入中间一等的人。这里指厨艺普通的人。

【解读】

此节主要提到了菜肴的补救之法，也就是做菜时的一些权宜之计。袁枚认为，名厨高手做菜调味，咸淡老嫩都能恰到好处，不需要补救。而普通人在做菜时，应该遵循宁可淡一点也不要太咸的原则，因为淡了可以再加盐，但如果太咸了就没有办法了。在烹制鱼菜时，宁嫩毋老，因为太嫩的话可以再加火补救，如果已经老了就没有办法了。

其实，补救的方法还是有的。比如菜肴太过油腻，可以将少量紫菜在火上烤一下，然

献食陶俑（东汉）

后撒入汤中，油腻即可减轻。菜肴太咸，又不宜加水，可以将一个洗净的生土豆或一块水豆腐放入汤内，即可使汤的咸味变淡。炒菜时辣椒放得太多，辣味太重时，可以放入一只鸡蛋同炒。苦瓜煮得太苦时，可以滴入少许白醋，以减去苦味等等。不过这些都是不得已而用的方法，做菜成功的关键还是要掌握调味、火候，尽量做到不偏不倚，恰到好处。

本分须知

满洲菜多烧煮，汉人菜多羹汤，童而习之，故擅长也。汉请满人，满请汉人，各用所长之菜，转觉入口新鲜，不失邯郸故步①。今人忘其本分，而要格外讨好。汉请满人用满菜，满请汉人用汉菜，反致依样葫芦，有名无实，画虎不成反类犬②矣。秀才下场③，专作自己文字，务极其工④，自有遇合⑤。若逢一宗师而摹仿之，逢一主考而摹仿之，则掇皮⑥无异，终身不中矣。

【注释】

①邯郸故步：比喻模仿不成，反把自己原有的东西忘掉了。见《庄子·秋水篇》。

②画虎不成反类犬：比喻好高骛远，一无所成，反贻笑柄。见《后汉书·马援传》。

③下场：考场应试。

④工：工整，指做好文章。

⑤遇合：彼此投合，指赏识。

⑥掇（duō）皮：拾取皮毛而已。掇，拾取。

【解读】

中国是一个餐饮文化大国，长期以来在某一地区由于地理环境、气候、物产、文化传统以及民族习俗等因素的影响，形成了有一定文化特色与风味的饮食。就如文中所说，满洲菜多用烧煮，汉人菜多为汤羹，汉人宴请满人或者满人宴请汉人时，宜各自以自己擅长的菜色来待客，会让客人觉得新鲜可口。如果为了刻意讨好来宾，汉人做满菜，满人做汉菜，效果往往不佳，容易画虎不成反类犬。这就好像秀才入场科考，专心做好自己的文章，自然会受到赏识。倘若一味模仿大家之作，只能略具皮毛，反而终身难以中第。

我们还应该看到，饮食文化的创新与融合也是必不可少的。比如著名的满汉全席，就是集满族与汉族菜点之精华而形成的中华大宴。乾隆年间李斗所著的《扬州书舫录》中记有一份满汉全席食单，其中既有宫廷菜肴的特色，又有地方风味的精华，菜点精美，礼仪讲究。最难得的是，它既突出了满族菜点的特殊风味，如烧烤、火锅、涮锅；同时又展示了汉族烹调的特色，扒、炸、炒、熘、烧等兼备，成为中华饮食文化的瑰宝。

戒
单

为政者兴一利，不如除一弊，能除饮食之弊，则思过半矣。作《戒单》。

【解读】

治国当政，兴一利不如除一弊，而饮食之道也是如此。如果能够除去饮食中的弊端，那么对饮食之道就有了更深刻的领悟和掌握。为了除去饮食烹饪中的弊端，作者特作《戒单》。《戒单》中原有14条，本书选取其中10条，这对今天的饮食烹饪依然具有很重要的指导意义。

戒外加油

俗厨制菜，动①熬猪油一锅，临上菜时，勺取而分浇之，以为肥腻。甚至燕窝至清之物，亦复受此沾污。而俗人不知，长吞大嚼，以为得油水入腹。故知前生是饿鬼投来。

【注释】

①动：动辄，总是。

【解读】

此节所说的外加油，在烹饪上也叫"淋明油"、"加尾油"、"浇响油"等，是在菜肴烹制勾芡后，根据成菜的具体情况淋入油脂的一种方法。明油所用的油脂种类很多，性质风味各不相同，有鸡油、菌油、红油、五香油、姜葱油、麻油、虾油、蒜油、泡椒油、花椒油等，视不同菜肴和风味而定。

外加油的目的主要是增加菜肴的色香味，尤其是勾芡后的菜肴，热油淋入后与芡汁配合在一起，呈半透明状，更能呈现出鲜亮的光泽。一些蔬菜类的菜肴中淋入尾油，还可起到保持原料色泽的作用。姜油、葱油、蒜香油、麻油等还因为其具有特殊的香气，能辅佐菜肴增香。此外，不易传热的油脂附在菜肴表面，可防止热量散失过快，从而起到保温的作用。

但是外加油的做法并非适用于所有菜式。袁枚在文中提到，任何菜式都加一勺猪油的做法，不仅影响甚至破坏了食材的原味本色，而且使菜肴变得油腻不堪，在提倡饮食清淡均衡的今天尤其应该慎而戒之。

戒耳餐

何谓耳餐？耳餐者，务名①之谓也。贪贵物之名，夸敬客之意，是以耳餐，非口餐也。不知豆腐得味，远胜燕窝。海菜不佳，不如蔬笋。余尝谓鸡、猪、鱼、鸭，豪杰之士也，各有本味，自成一家。海参、燕窝，庸陋之人也，全无性情，寄人篱下。尝见某太守宴客，大碗如缸，白煮燕窝四两，丝毫无味，人争夸之。余笑曰："我辈来吃燕窝，非来贩燕窝也。"可贩不可吃，虽多奚为②？若徒夸体面，不如碗中竟③放明珠百粒，则价值万金矣。其如吃不得何？

【注释】

①务名：追求美名。务，从事、致力。

②奚为：有什么用处。

③竟：干脆。

【解读】

　　"耳餐"是袁枚独创的词，意为只为追求菜肴的名气，贪图食材的名贵，以浮夸虚名来待客的宴客之道。菜肴的好坏不能以食材的名贵与否作为标准，豆腐如果能够制作得当，那么入味更胜燕窝。这是因为豆腐质软，烹饪时容易吸收其他鲜味，如果用它和肉类、海鲜类等同烩，味道就会十分鲜美。同理，各类海鲜虽然价格昂贵，但多数是晒干的或者腌制的，烹饪之法也较难掌握，如果做得不得其法，还不如蔬菜、笋类等新鲜食材做出来的简单菜色。袁枚还把鸡、猪、鱼、鸭比做豪杰，因为它们在色、香、形、质方面都力求各具本味，能独自成为佳肴；而海参、燕窝等物虽然昂贵，却因为本身没有滋味，需

《韩熙载夜宴图》【局部】顾闳中（南唐）

要靠别的配料才能成为美味，如同庸人，毫无个性骨气，只能寄人篱下。不得不说，袁枚的这些观点都是很有见地的。

　　袁枚还讲了个故事，说某太守宴客吃燕窝，大碗如缸，煮燕窝四两，清汤寡水丝毫无味。来宾都争着夸好，只有袁枚笑道："我辈是来吃燕窝的，不是来卖燕窝的。"如果要夸耀显摆，不如直接在碗中放百颗明珠，价值万金，只可惜不能吃。

　　戒目食

　　何谓目食？目食者，贪多之谓也。今人慕"食前方丈①"之名，多盘叠碗，是以目食，非口食也。不知名手写字，多则必有败笔；名人作诗，烦则必有累句②。极名厨之心力，一日之中，所作好菜不过四五味耳，尚难拿准，况拉杂横陈乎？就使帮助多人，亦各有意见，全无纪律，愈多愈坏。余尝过一商家，上菜三撤席，点心十六道，共算食品将至四十余种。主人自觉欣欣得意，而我散席还家，仍煮粥充饥，可想见其席之丰而不洁③矣。南朝孔琳之④曰："今人好用多品，适口之外，皆为悦目之资。"余以为肴馔横陈，熏蒸腥秽，目亦无可悦也。

【注释】

①食前方丈：眼前的一片地方。指摆满碗盘的桌子，形容菜肴十分丰盛。

②累句：病句。

③不洁：档次不高，没有品位。

④孔琳之：南朝宋文学家，字彦琳。

【解读】

此节表达了作者对过分讲究豪奢排场的饮宴之风的反对。"目食"，就是贪多求全的意思。一些大富之家宴客时，菜肴满席，杯盘堆叠，排场之大都不是用来吃的，而是用来看的。就像书法家写字多了也会有败笔，大诗人作诗多了也会有病句一样，水平很高的厨师在一天里能够竭尽心力烹制出四五道佳肴已属不易，如果要应付庞大的宴席往往会力不从心。袁枚说自己曾到一位商人家中赴宴，上菜换席三次，点心就有十六道，各种肴馔有四十多种，主人十分得意，可是袁枚回家后还要再煮粥充饥。可见酒席虽然丰盛，菜肴口味却不见佳。

南朝文学家孔琳之说贪多求盛的宴席"皆为悦目之资"，而袁枚认为这样的宴席杂乱无章，味道浑浊，连悦目也无法达到。文中这样的情形其实在今天也屡见不鲜。以今天的角度来看，这种做法不仅浮夸，而且是对美食的玷污和对食材的极大浪费，与中国传统饮食文化的精义是背道而驰的。

戒穿凿

物有本性，不可穿凿为之。自成小巧，即如燕窝佳矣，何必捶以为团①？海参可矣，何必熬之为酱？西瓜被切，略迟不鲜，竟有制以为糕者。苹果太熟，上口不脆，竟有蒸之以为脯者。他如《尊生八笺》②之秋藤饼，李笠翁之玉兰糕，都是矫揉造作，以杞柳为杯棬③，全失大方。譬如庸德庸行，做到家便是圣人，何必索隐行怪乎④？

【注释】

①捶以为团：舂碎做成团子。

②《尊生八笺》：明代高濂所著，是一部内容广博又切实用的养生专著，也是我国古代养生学的主要文献之一。

③以杞（qǐ）柳为杯棬（quān）：语出《孟子·告子上》，比喻物件失去它原来的形性。杞柳，木名，枝条柔韧，可编制篮筐等。杯棬，用曲木制成的杯盘。

④索隐行怪：索隐，寻求食物隐僻之理。行怪，行为稀奇古怪。

【解读】

每一种食品都有其本性，有的适于热食，有的适于冷食，有的适于煎炒，有的适于蒸煮，只要顺应其自身的特性进行加工，自然就能取得好的效果。这就像一些日常应该遵循的行为道德，能真正做好的人就可成为圣人了，不必去做一些隐秘古怪的事。清初的戏剧家李渔曾用玉兰花做过一种玉兰糕，名字虽然风雅好听，却华而不实；还有明代高濂在《尊生八笺》中记载的秋藤饼，也是违背食物本质的矫揉造作之作。例如，燕窝本来是好东西，何必把它舂碎做成丸子？海参也是好东西，何必把它熬成酱？切开稍久的西瓜就略不新鲜，竟然有人将它做成糕；太熟的苹果不够脆嫩，有人用来做果脯。以上这些做法实际上都是不顾食材特质，不懂饮食真谛，有画蛇添足、弄巧成拙之嫌了。

戒停顿

物味取鲜，全在起锅时极锋而试①；略为停顿，便如霉过衣裳，虽锦绣绮罗，亦晦闷而旧气可憎矣。尝见性急主人，每摆菜必一齐搬出，于是厨人将一席之菜，都放蒸笼中，候主人催取，通行齐上。此中尚得有佳味哉？在善烹饪者，一盘一碗，费尽心思；在吃者，卤莽暴戾②，囫囵吞下，真所谓得哀家梨③仍复蒸食者矣。余到粤东，食杨兰坡明府④鳝羹而美，访其故，曰："不过现杀现烹，现熟现吃，不停顿而已。"他物皆可类推。

【注释】

①极锋而试：趁着刀尖锋利的时候试用它。这里的意思是菜肴应该趁刚烧好的时候就吃。

②卤莽暴戾：卤莽，同"鲁莽"；暴戾，粗暴乖张，残酷凶恶。这里是粗暴、急躁的意思。

③哀家梨：亦作"哀梨"，语出《世说新语·轻诋》。汉朝秣陵人哀仲家所种的梨最好，其大如升，入口即化，当时人称为"哀家梨"。

④明府：古代官职名，唐以后多用以称县令。

【解读】

中国有句老话叫做"一滚（滚烫的意思）带三鲜"。从热气腾腾的面条，到馅料热乎的包子、饺子以及温度一直滚烫的火锅，中国人的饮食似乎一直离不开"热"这个字。这不仅是因为食材做熟后更清洁而易消化，更重要的是，许多食物的美味需要热度来激发。同时，中国人的味觉和嗅觉也早就适应了这种被温度所激发出来的香味，所以"热食"成为中国人千百年来不变的饮食习惯。在现代营养学上来看，饭菜应该在做好之后尽快食用，这是因为食物烹调的过程中由于高温的破坏作用，营养素会进一步流失。饭菜做好之后，如果不及时食用，那么营养流失就更严重。炒菜在空气中暴露半小时，维生素C的损失就可达25%以上。这也对上菜的形式、数量和时间都提出了要求。所以说，品尝美味，必须"趁热打铁"。

哀家梨的典故说的是魏晋时哀仲家里种出来的梨子，个头很大并且味道鲜美，又脆又嫩，入口而化，被称为"哀家梨"。哀家梨名气大，桓玄为了炫耀自己的家财，就想尽办法得到哀家梨。他得到梨后却用蒸笼蒸熟了来吃，完全破坏了梨子脆嫩鲜美的本味。人们常用这个典故来讽刺不识好歹的蠢人，胡乱糟蹋了好东西。

文中提到的杨兰坡明府是袁枚的好友。清乾隆九年（1744），袁枚曾在广东肇庆游历，结识了太守杨兰坡。杨兰坡和袁枚都喜欢吟诗作赋，二人一见如故。杨兰坡带袁枚游览粤东山水，二人留下了不少诗词。此外，杨兰坡还将当地的新鲜菜肴介绍给袁枚，袁枚把许多美食都收入《随园食单》之中。

戒暴殄

暴者不恤人功，殄者不惜物力。鸡、鱼、鹅、鸭，自首至尾，俱有味存，不必少取多弃也。尝见烹甲鱼者，专取其裙①而不知味在肉中；蒸鲥鱼者，专取其肚而不知鲜在背上。至贱莫如腌蛋，其佳处虽在黄不在白，然全去其白而专取其黄，则食者亦觉索然矣。且予为此言，并非俗人惜福之谓，假使暴殄而有益于饮食，犹之可也。暴殄而反累于饮食，又何苦为之？至于烈炭以炙活鹅之掌，刲刀②以取生鸡之肝，皆君子所不为也。何也？物为人用，使之死可也，使之求死不得不可也。

【注释】

①裙：即甲鱼介壳周围的肉质软边，称为"裙边"。

②刌（tuán）刀：用来宰鸡的尖刀。刌，割，截断。

【解读】

中国历史悠久，包罗万象，饮食自然也被提升到文化的层面。其不但要满足人们的食欲，还要使人在品尝之余获得精神享受。然而，很多中国菜式为求新颖、奇特而暴殄天物，少取多弃，造成了食材的浪费。

"暴殄天物"这句成语最早出处在《尚书·武成》，说商纣王荒淫无道，暴殄天物，害虐烝民。"暴殄"就是不知爱惜人力物力，任意糟蹋东西的意思。袁枚在此节中严厉批评了烹制美食过程中的"暴殄"行为。烹调中的鸡、鱼、鹅、鸭，从头到尾都有自己的味道存在，没必要只取一点精华而把其他部分丢掉。袁枚说自己曾见到过烹甲鱼专取甲鱼的裙边，而不知道甲鱼肉的味道也很好；蒸鲥鱼的专取鱼肚部分，而不知道最鲜的部位是鱼背。最普通的莫如腌蛋，虽然蛋黄比蛋白更好吃，然而如果舍弃蛋白只吃蛋黄的话，也会觉得滋味索然。

更让人觉得不可思议的是，平淡的肉蛋蔬菜已经无法满足某些"美食家"汹涌泛滥的食欲，于是出现了一些怪诞的食法，对动物加以酷刑，可谓"虐食"。比如，《朝野佥载》中记录了唐代张易之用炭火活烤鸭、鹅；《夷坚志》中记录了宋代韩缜活取驴肠；《阅微草堂笔记》记录了屠夫许方卖活驴肉；《履园丛话》记录了用炭火烤炙活鹅掌；《梅花草堂笔谈》记录了宫中制作御膳，用鸡只活取鸡大腿……袁枚对以残忍的手段宰杀牲畜的行为表示了极大的反对。家禽家畜为人所养，宰杀取食也无可厚非，但是令牲畜求死不得就不是君子所为了。

戒强让

治具宴客①，礼也。然一肴既上，理直凭客举箸，精肥整碎，各有所好，听从客便，方是道理，何必强让之？常见主人以箸夹取，堆置客前，污盘没碗，令人生厌。须知客非无手无目之人，又非儿童、新妇，怕羞忍饿，何必以村姬小家子之见解待之？其慢客也至矣！近日倡家②，尤多此种恶习，以箸取菜，硬入人口，有类强奸，殊为可恶。长安有甚好请客而菜不佳者，一客问曰："我与君算相好乎？"主人曰："相好！"客跽③而请曰："果然相好，我有所求，必允许而后起。"主人惊问"何求？"曰："此后君家宴客，求免见招④。"合坐为之大笑。

【注释】

①治具宴客：备办酒席，安排好餐具席面宴请客人。
②倡家：古代歌舞艺人为倡。倡家，或指歌妓。
③跽（jì）：古人着地而坐，以两膝着地。股不着脚跟为跪，跪而耸身直腰为跽。
④见招：招呼、邀请。

【解读】

热情好客是中国人的传统，在饮食之道上也是如此。饮宴聚会时，主人往往都会劝食劝饮，甚至热情地夹菜添酒。如今人们交往增多，参加酒宴的机会也随之增加。朋友相聚，交流感情，品尝美食，本是一件快事。但酒桌上的一些举动，往往会使人觉得尴尬，甚至大倒胃口，弄得兴致全无。

"妇女剖鱼"砖雕（宋）

用自己的筷子给别人夹菜就是一例。一方面，主人夹的菜可能正是客人不爱吃的；另一方面，主人用自己的筷子给客人夹菜也不卫生。客人既碍于情面不好意思推却，又会担心各种健康问题，结果就形成了尴尬的局面。

因此，主人最好是热情地向客人介绍菜肴，建议他尝一尝；也可以用公用餐具为客人夹些菜肴，但是要注意分量不要太大，以免客人不爱吃或者吃不完而觉得不好意思，主随客便才是真正的待客之道。

袁枚在最后还说了一个令人莞尔的笑话，对请客强让这一恶习做了有力的讽刺和鞭挞。

戒走油①

凡鱼、肉、鸡、鸭，虽极肥之物，总要使其油在肉中，不落汤中，其味方存而不散。若肉中之油，半落汤中，则汤中之味，反在肉外矣。推原其病有三：一误于火大猛，滚急水干，重番加水；一误于火势忽停，既断复续；一病在于太要相度②，屡起锅盖，则油必走。

【注释】

①走油：指鱼、肉、鸡、鸭等在烹制的过程中，失去了本身的油脂和香味。

②太要相度：太要，急于；相度，察看锅内食物烹制的程度、状况。

【解读】

　　袁枚在这一小节中指出，肉类在滚煮时，由于火太猛或者烹制时间太长，肉中的油脂会溶入汤中，随着热气溢出；或者第一次加水不

炸豆腐

够，锅里的汤汁被烧干，真味走失，再加水时久煮不浓，淡而无味；又或者停火后重新烧火，肉质的鲜味随气消散，油脂也会溢出。这样肉的香味就没有了。不过，袁枚所说的"走油"和现代饮食中的"走油"截然不同。

现代饮食中的"走油"又叫"拖油"、"过油"，是指已经成形的食物材料或焯水处理过的材料，在油锅中作进一步的热处理。这是初步熟处理的另一种重要手段，有上色、成型、去油脂的作用。一种方法是在食料中沾粉过油，可以使水分不易散出，并保持食料的美味和柔嫩。另一种是不沾粉过油，如炸鱼、炸豆腐等都属于这一种。"走油"适用范围很广，鸡、鸭、鱼、猪肉、牛肉、羊肉、蛋制品、豆制品都可采用走油的方法进行初步熟处理。比如，烧白走油，就是在锅烧热后，将肉皮一面放入锅中，炸起小泡后捞出。这样可使色泽更加光亮，而且在之后蒸的过程中使其糯、软。

戒落套

唐诗最佳，而五言八韵之试帖①，名家不选，何也？以其落套②故也。诗尚如此，食亦宜然。今官场之菜，名号有"十六碟"、"八簋"③、"四点心"之称，有"满汉席"之称，有"八小吃"之称，有"十大菜"之称，种种俗名，皆恶厨陋习。只可用之于新亲上门，上司入境，以此敷衍；配上椅披桌裙，插屏香案，三揖百拜方称。若家居欢宴，文酒开筵④，安可用此恶套哉？必须盘碗参差，整散杂进，方有名贵之气象。余家寿筵婚席，动至五六桌者，传唤外厨，亦不免落套。然训练之卒，范我驰驱者⑤，其味亦终竟不同。

【注释】

①五言八韵之试帖：从唐朝开始历代封建帝王所规定的科举考试的格式。考生用古人诗句或成语为题，要求按限定韵脚写五言六韵或八韵的排律。帖为唐代考明经科所用的一种试卷。

②落套：落入俗套。套，已成格局的办法或语言。这里指餐桌上的一般程式。

③八簋（guǐ）：犹现在所说的八大碗。簋，古代食器。

④文酒开筵：在酒席上饮酒赋诗。

⑤范我驰驱：按照我的方法行事。语出《孟子·滕文公下》。范，法则，规范，也有使之合乎法理之意。驰驱，奔跑，这里是"行动"之意。

【解读】

　　此节提出的意见和之前的几戒一脉相承，对社会上片面追求铺张奢侈、繁文缛节的饮食风尚进行了批评，提倡简明、实惠、独具新意的饮食风格。良好的宴饮氛围并不靠那些"十六碟"、"八大碗"、"四点心"、"八小吃"的俗套，也不靠椅披桌裙、插屏香案、三揖百拜的繁文缛节，而是需要别出心裁的碗盘形制、整散交错的上菜方式和富有特色的美食风味，这样才能烘托出文明高雅的饮食意境。现代人的宴请，尤其是寿筵婚席，十分讲究排场，桌数众多，环境喧闹，菜式虽多，却是固定搭配，十分单一，且宴饮氛围往往落入俗套。这

以"满汉全席"闻名的北京仿膳饭庄（图片提供：微图）

些正是袁枚所反对的。袁枚在随园里举办的寿宴婚宴之类，动辄有五六桌，从外面请厨师来掌勺，也未免落入俗套。袁枚对其进行训练之后，他们依据袁枚的方法进行烹制，然而，做出来的菜肴味道终究是不一样。

文中提到的"满汉席"是融合了满族宫廷菜肴与汉族菜肴精华的巨型宴席，最初诞生于扬州，后获得皇家认可，在贵族阶层中流行开来。席间突出满点、汉菜相结合，用料精细，山珍海味无所不包，菜品最多的达近 200 种，加上点心杂食，肴馔共计 300 多品。

戒混浊

混浊者，并非浓厚之谓。同一汤也，望去非黑非白，如缸中搅浑之水。同一卤也，食之不清不腻，如染缸倒出之浆。此种色味令人难耐。救之之法，总在洗净本身，善加作料，伺察水火，体验酸咸，不使食者舌上有隔皮隔膜之嫌。庾子山①论文云："索索无真气，昏昏有俗心。②"是即混浊之谓也。

【注释】

①庾子山：即庾信（513—581），字子山，南北朝时期的文学家，文章绮丽。
②索索无真气，昏昏有俗心：庾信《拟咏怀》中的诗句。索索，冷清、了无生气的样子。昏昏，糊涂、迷乱的样子。

【解读】

饮食烹调须讲究菜肴的色、香、味、形，袁枚在这一小节对饮食烹调中的态度和工艺提出了要求。原食材的加工、烹调过程中的火候、水色以及对菜肴的调味等等，都会对其品相有一定的影响。这就要求厨师要恰到好处地进行饮食烹饪，切忌使菜肴的品相混浊。

比如煲汤就很有讲究，汤的色味自然是非常关键的，这就要求厨师忌过多地放入葱、姜、料酒等调料，以免影响汤汁本身的原汁原味。同时，也忌过早放盐，因为早放盐能使肉中的蛋白质凝固不易溶解，让汤色发暗，浓度不够，外观不美。煲汤时，火也不能过大。火候要以汤沸腾程度为准，如果让汤汁大滚大沸，那么肉中的蛋白质分子就会运动激烈，致使汤混浊。

可见，要使菜肴清爽而不失浓厚之味，各个环节都很重要，在饮食烹饪的过程中，决不能马虎了事。

海
鲜
单

> 古八珍①并无海鲜之说。今世俗尚之，不得不吾从众。作《海鲜单》。

【注释】

① 古八珍：《周礼·天官》和《礼记·内则》中记载的以多种烹饪方法制作的八种珍贵食肴。即：淳熬、淳母、炮豚、炮牂（zāng）、珍、渍、熬、肝膋（liáo）等。后来用以泛指珍贵食品。

【解读】

"八珍"是指古代的八种珍贵稀有的食物原料，也就泛指珍稀、高贵的菜肴。明代以前，海鲜并没有被人当做珍馐；不过明清以后，社会风气逐渐崇尚吃海鲜，所以作者

葱烧海参

也不得不顺应大众作《海鲜单》。原书收录的海鲜有燕窝、海参、鲍鱼、鱼翅、淡菜、海蝘、乌鱼蛋、江瑶柱和蛎黄9种，本书选其中7段进行解读。

燕窝

燕窝贵物，原不轻用。如用之，每碗必须二两，先用天泉滚水泡之，将银针挑去黑丝。用嫩鸡汤、好火腿汤、新蘑菇三样汤滚之，看燕窝变成玉色为度。此物至清，不可以油腻杂之；此物至文①，不可以武物②串之。今人用肉丝、鸡丝杂之，是吃鸡丝、肉丝，非吃燕窝也。且徒务其名，往往以三钱生燕窝盖碗面，如白发数茎，使客一撩不见，空剩粗物满碗。真乞儿卖富，反露贫相。不得已则蘑菇丝、笋尖丝、鲫鱼肚、野鸡嫩片尚可用也。余到粤东，杨明府冬瓜燕窝甚佳，以柔配柔，以清入清，重用鸡汁、蘑菇汁而已。燕窝皆作玉色，不纯白也。或打作团，或敲成面，俱属穿凿。

【注释】

①至文：指燕窝的质地柔软。
②武物：指质地刚硬的材料。

【解读】

燕窝又称"燕菜"、"燕根"、"燕蔬菜"，是雨燕科动物金丝燕及多种同属燕类用唾液与绒羽等混合凝结所筑成的巢，主要产于

炖好的燕窝（图片提供：微图）

我国南海诸岛及东南亚各国，是中国传统名贵食品之一。燕窝中含有
50%的蛋白质、30%的糖类和一些矿物质，对身体有一定的益处。
但是，据现代科学研究，它的药用和食用价值并没有传说中那么高，
只是由于不易采集，物以稀为贵而身价不菲。

　　燕窝的加工烹饪是有一定技巧的。首先，发燕窝就是一门学问。
燕窝的品种、季节、湿度、室温、水温的不同，都会影响燕窝浸发的质
量。其次，燕窝口感柔软、嫩糯，所以一次所用的量就不能太少，文
中认为"每碗必须二两"是有道理的。否则"以三钱生燕窝盖碗面，
如白发数茎，使客一撩不见，空剩粗物满碗"，不仅难以尝到燕窝之
味，反而像乞丐炫富，露出穷酸相。烹制燕窝的配料在口感上也应多
顺配、少逆配，既不能质地太硬，也不能肥腻浓厚，否则就违背了燕
窝至清至柔的本色。

　　燕窝在各菜系均有使用，品种也较多，均用作筵席主菜，多清
炖、熬汤或制成甜品，这样可保持燕窝的形态和清珍之味。

海参三法

海参，无味之物，沙多气腥，最难讨好。然天性浓重，断不可以清汤煨也。须检小刺参，先泡去沙泥，用肉汤滚泡三次，然后以鸡、肉两汁红煨极烂。辅佐则用香蕈①、木耳，以其色黑相似也。大抵明日请客，则先一日要煨，海参才烂。尝见钱观察②家，夏日用芥末、鸡汁拌冷海参丝，甚佳。或切小碎丁，用笋丁、香蕈丁入鸡汤煨作羹。蒋侍郎③家用豆腐皮、鸡腿、蘑菇煨海参，亦佳。

【注释】

①香蕈（xùn）：即香菇、冬菇。
②观察：清代尊称道员为观察。
③侍郎：官名，明清时期正二品官级，与尚书同为中央各部长官。

【解读】

海参是海生棘皮动物，又名"海鼠"、"海黄瓜"、"海茄子"等。在我国南海沿岸种类较多，约有二十余种海参可供食用，其中刺参营养价值最高。海参的肉质软嫩，营养丰富，是典型的高蛋白、低脂肪的食物，滋味腴美，且风味高雅，是久负盛名的名馔佳肴，也是海味"八珍"之一，与燕窝、鲍鱼、鱼翅齐名，在宴饮上往往扮演着"压台轴"的角色。《本草纲目拾遗》载："海参，味甘咸，补肾，益精髓，摄小便，壮阳疗痿，其性温补，足敌人参，故名海参。"

在烹饪海参之前，要把海参腹内的细沙和杂质冲洗干净，尤其要注意的是锅盖内壁不要沾油，否则会使海参自溶。在烹饪时，除了袁枚所说的要以鲜味食物相配之外，还要掌握压制的时间。压制时间过长，会使海参太软；压制时间太短，海参口感又太硬，有苦涩味。真正压制好的海参口感略像煮熟的鲍鱼、海螺那样爽口，又鲜美。

鳆鱼

鳆鱼①炒薄片甚佳，杨中丞②家，削片入鸡汤豆腐中，号称"鳆鱼豆腐"；上加陈糟油③浇之。庄太守④用大块鳆鱼煨整鸭，亦别有风趣。但其性坚，终不能齿决。火煨三日，才拆得碎。

【注释】

①鳆鱼：即鲍鱼。
②中丞：官名，汉代为御史大夫下设属官，负责察举非法。明清时期各省巡抚也称中丞。
③糟油：以酒糟为主要原料的特制调味品。
④太守：官名。秦设郡守，汉代时更名为太守，管理一郡事务，明清时专指知府。

【解读】

鲍鱼，又称"海耳"、"鳆鱼"、"镜面鱼"、"九孔螺"、

鲍鱼（图片提供：微图）

"将军帽"等，是一种原始的海洋贝类，属于单壳软体动物。全世界约有90种鲍，遍及太平洋、大西洋和印度洋。鲍鱼是中国传统的名贵食材，呈椭圆形，肉紫红色，且质柔嫩、细滑，滋味极其鲜美，且营养丰富，历来被称为"海味珍品之冠"，素有"一口鲍鱼一口金"之说。清朝时，宫廷中就有所谓"全鲍宴"。据资料记载，当时沿海各地大官朝圣时，大都进贡干鲍鱼，且进贡鲍鱼的数量与官员品级的高低挂钩，足见鲍鱼的价值。

　　袁枚在此节介绍了鲍鱼的两种烹饪方式，都是将鲍鱼切成薄片与豆腐或鸡鸭同煨，特别强调要"火煨三日"方能炖烂。当今社会，港粤大厨烹制的鲍鱼最佳。鲍鱼的烹制十分讲究火候的把握，火候不够则味腥，过火则肉质变韧发硬；调味的浓淡适宜也极其重要。

淡菜

淡菜①煨肉加汤，颇鲜，取肉去心，酒炒亦可。

【注释】

①淡菜是贻贝科动物贝肉的干制品，也叫"壳菜"。它在中国北方俗称"海虹"，在中国南方俗称"青口"，其干制品称作"淡菜"。

【解读】

贻贝是驰名中外的海产珍品，肉味鲜美，营养丰富，干品含蛋白质、脂肪、糖类、无机盐以及各种维生素、碘、钙、磷、铁等微量元素和多种氨基酸。所以，其营养价值远高于虾、蟹、海产干贝等，因而有着"海中鸡蛋"的美称。福建居民早在唐朝就采集贻贝作为佳肴，古书中载有"东海夫人，生东南海中，似珠母，一头尖，中御小毛，味甘美，南人好食之"等句。此外，贻贝也具有一定的药用价值。《本草纲目》中记载，贻贝有治疗虚劳伤惫、精血衰少、吐血久痢、肠鸣腰痛等功能。

贻贝可以氽汤，也可做菜，而且个头越大越好，质嫩、肉肥、味鲜，不需要什么特殊的烹饪技法，与冬瓜、萝卜等一同煨食即可。

青口贝（图片提供：微图）

乌鱼蛋

乌鱼蛋最鲜，最难服事①。须河水滚透，撒沙去腥，再加鸡汤、蘑菇煨烂。龚云若司马②家，制之最精。

【注释】

①服事：处理、调制。
②司马：官名，掌管军事的官吏。后世用作兵部尚书的别称。明清时称府同知为"司马"。

【解读】

乌鱼，又称"乌贼"、"墨鱼"，乌鱼蛋就是由雌墨鱼的缠卵腺加工制成的一种海味珍品，主产于山东省。其形状为卵圆形而稍扁，乳白色，大者似鸡蛋，小者似鸽蛋。加工时，要将鲜墨鱼的缠卵腺割下来，用明矾和食盐混合液腌制，使之脱水并使蛋白质凝固。食用时要先将乌鱼蛋用清水洗净，放入开水中浸一下，捞出入凉水中洗去外皮，用手一片一片地撕开，再将鱼蛋片放入清水中浸泡一下即可烹调，可以用来烩食和汆汤。乌鱼蛋以饱满坚实、体表光洁、蛋层揭片完整、乳白色为上品。乌鱼蛋之所以名贵，是因其营养丰富、味道鲜美，有冬食去寒、夏食解热之功效，且富含人体必需的多种微量元素。

山东鲁菜中有道名菜叫烩乌鱼蛋汤，早在清代初期就在山东流行，清代中期在北京的山东菜馆中盛行，深受文人雅士的欢迎。

江瑶柱

江瑶柱①出宁波，治法与蚶②、蛏③同。其鲜脆在柱，故剖壳时，多弃少取。

【注释】

①江瑶柱：海中贝壳类动物的闭壳肌，因呈柱状而得名。
②蚶：软体动物，壳厚而坚硬，两壳凸显均明显，上具明显的放射肋。肉质鲜美。
③蛏：软体动物，生活在近岸的浅海中，两扇介壳，形状狭长，斧足大而活跃，移动迅速，肉质鲜美。

【解读】

江瑶生活于海边泥沙中，贝壳略呈三角形，形如牛耳，又称"牛耳螺"，表面苍黑色。"江瑶柱"一名的最早出处是唐代刘恂的《岭表录异》："马甲柱，即江瑶柱。"它壳薄肉厚，肉质鲜嫩，是海中珍品。此节指出，江瑶柱最鲜脆的地方在其肉柱，即闭壳肌部分，所以剖壳时要"多弃少取"，以取其精华。北宋文学家苏东坡在《四月十一日初食荔枝诗》中说："似闻江鳐斫玉柱，更喜河豚烹腹腴。"又自注道："予尝谓，荔枝厚味高格两绝，果中无比，惟江瑶柱、河豚鱼近之耳。"

干贝（图片提供：微图）

苏东坡吃了荔枝还想到江瑶柱与河豚，不愧是位老饕。

　　江瑶柱去壳、煮熟、晒干，成为"干贝"。干贝食味鲜甜，软滑而且容易消化，可作主菜也可作配料。煲粥、熬汤加入少许，则味道分外鲜美，如有点石成金之妙。

蛎黄

　　蛎黄①生石子上。壳与石子胶粘不分。剥肉作羹，与蚶、蛤②相似。一名鬼眼。乐清、奉化两县土产，别地所无。

【注释】

①蛎黄：即牡蛎肉。牡蛎是海生双壳类软体动物，有天然生长和人
　工养殖两类。
②蛤：软体动物，生活在浅海泥沙中。

【解读】

　　牡蛎是一种海产的双壳类软体动物，有粗糙而不规则的贝壳，生活在海底或沿海浅水岩石上，也有的生活在河流入海口的咸淡水中。中国是世界上最早养殖牡蛎的国家。我国古人以为牡蛎"纯雄无雌"，所以以"牡"名之。这其实是个误会，牡蛎是雌雄同体的，可以自体受精，繁殖力惊人。文中说牡蛎出产于乐清、奉化两地，"别地所无"，这其实是不准确的。牡蛎一般在沿海地区都有出产，如广东的宝安、汕尾、太平等地也以产蚝而闻名。

新鲜的牡蛎（图片提供：微图）

鲜牡蛎肉青白色，质地柔软细嫩。《宝庆四明志》说"海人取之（牡蛎），皆凿房，以烈火逼开，挑取肉食之，自然甘美，更益人美颜色、细肌肤，海族之最贵者也"。蛎黄在历代的本草药典中也常被称道，其中的钙含量接近牛奶，铁含量则为牛奶的21倍，含锌量为食物之冠，有助于智力发展。牡蛎肉肥美爽滑，味道鲜美，可以制汤、烹菜，也可以制成蚝豉、蚝油及罐头等。

江鲜单

郭璞①《江赋》②鱼族甚繁。今择其常有者治之。作《江鲜单》。

①郭璞（276—324）：东晋文学家、训诂学家。
②《江赋》：郭璞的辞赋代表作，是一篇以长江为主题的山水赋作。文中对鱼类作了详细描述。

【解读】

江鲜，指的是长江中出产的鱼虾等水产品。长江中的鱼类有记载的有近三百种，约占找国淡水鱼的三分之一。其中，以鲥鱼、刀鱼、河豚、中华鲟、鮰鱼等最具代表性，久负盛名。

刀鱼二法

刀鱼用蜜酒酿、清酱，放盘中，如鲥鱼法，蒸之最佳，不必加水。如嫌刺多，则将极快刀刮取鱼片，用钳抽去其刺。用火腿汤、鸡汤、笋汤煨之，鲜妙绝伦。金陵人畏其多刺，竟油炙极枯①，然后煎之。谚曰："驼背夹直，其人不活。②"此之谓也。或用快刀，将鱼背斜切之，使碎骨尽断，再下锅煎黄，加作料，临食时竟不知有骨：芜湖陶大太法也。

【注释】

①油炙极枯：用油余后使鱼干枯。鱼枯后再行烹制，使刀鱼失去了鲜嫩的特点。

②驼背夹直，其人不活：硬要把驼背人的脊梁骨夹直，那么这个人也被夹死了。意为不能强行为之，否则会适得其反。

【解读】

刀鱼，又称"刀鲚"、"毛鲚"，是一种洄游鱼类，与河豚、鲥鱼并称为中国"长江三鲜"。每到春季，刀鱼就会成群溯江而上。农谚有着"春潮迷雾出刀鱼"之说，刀鱼也是春季最早的时鲜鱼。刀鱼体形狭长侧薄，颇似尖刀，肉质细嫩，肉味鲜美，肥而不腻，兼有微香，但多细毛状骨刺。宋代名士刘宰曾有诗称赞："肩耸乍惊雷，腮红新出水。佐以姜桂椒，未熟香浮鼻。"说的就是刀鱼。

刀鱼是镇江、靖江、江阴和张家港的主要水产品之一。初春时，刀鱼雄性多，体大，脂肪多；春末，雌性居多，体小，脂肪少，到清明节后，刀鱼的肉质就会变老，俗称"老刀"。刀鱼洄游过上游镇江流域，下游过南通天生港后，其口味就会发生变化，身价大跌。这是因为刀鱼在洄游途中摄食较少，体力消耗却很大，只有在下游补充食物后才最肥。刀鱼脂肪丰富，熟后鲜味奇佳。

此节提到的"二法"：一是将鱼用甜酒酿、清酱腌一下，放在盘里蒸熟，味道最佳。二是如果嫌其刺多，就拿非常锋利的刀刮取鱼片，用钳子抽去鱼刺。再用火腿汤、鸡汤、笋汤来煨，鲜妙无比。此外还可以用快刀将鱼背斜着切断，使鱼骨全部碎断，再下到油锅里煎黄，加作料，吃起来竟感觉不到有刺。

鲥鱼

鲥鱼用蜜酒①蒸食，如治刀鱼之法便佳。或竟用油煎，加清酱、酒酿②亦佳。万不可切成碎块，加鸡汤煮；或去其背，专取肚皮，则真味全失矣。

【注释】

①蜜酒：用蜂蜜酿制的酒，或为甜酒。
②酒酿：糯米加曲酿造的甜酒，又叫"江米酒"。

【解读】

鲥鱼，又称"三来鱼"、"三黎鱼"，为洄游性鱼类，咸、淡水两栖，每年春夏之交由海溯江而上，在淡水江河产卵繁殖，然后回到

清蒸鲥鱼（图片提供：微图）

海中，年年准确无误，因此得名"鲥鱼"。鲥鱼早在汉代就已成为美味珍馐。从明代万历年间起，鲥鱼成为贡品。至清代康熙年间，鲥鱼已是"满汉全席"中的重要菜肴。鲥鱼在捕捞时，由官府看守，第一网一定要用八百里加快，马不停蹄由驿站进贡京城由皇帝享用。

　　鲥鱼最为娇嫩，据说只要被捕鱼人触及鱼鳞，就会立即不动。所以宋代大文学家苏轼称其为"惜鳞鱼"，并做诗赞曰："尚有桃花春气在，此中风味胜鲈鱼。"鲥鱼适宜连鳞蒸食，脂肪含量很高，肉嫩味鲜。袁牧在此节提醒千万不能把鲥鱼切成碎块加鸡汤煮，也不能剔掉鱼背骨而只取鱼腹，否则会失去鲥鱼的特殊味道。

鲟鱼

尹文端公①，自夸治鲟鳇②最佳。然煨之太熟，颇嫌重浊。惟在苏州唐氏，吃炒鳇鱼片甚佳。其法切片油炮③，加酒、秋油滚三十次，下水再滚起锅，加作料，重用瓜姜④、葱花。又一法，将鱼白水煮十滚，去大骨，肉切小方块，取明骨⑤切小方块；鸡汤去沫，先煨明骨八分熟，下酒、秋油，再下鱼肉，煨二分烂起锅，加葱、椒、韭，重用姜汁一大杯。

【注释】

①尹文端公：即尹继善，字元长，号望山。
②鲟（xún）鳇（huáng）：两种鱼名，体型相似，同属鲟科。鲟，长可达三米，产于沿海各地以及南北各大水域。鳇，长可达五米，分布于黑龙江流域。
③油炮：一种烹饪方法，即油爆，以热油爆炒成菜。
④瓜姜：用盐、酱腌制的嫩瓜嫩姜。
⑤明骨：指鲟鱼头部及脊背间的软骨，色白软脆，味美，或称"鲟脆"。

【解读】

鲟鱼，古称"鳣鱼"，是世界上现有鱼类中体形大、寿命长的一种，迄今已有2亿多年的历史，素有"水中活化石"之称。

鲟鱼很早就是古人喜爱的食品。除鲟鱼肉外，其鱼肚、鱼鼻、鱼筋、鱼骨等都能做出独具风格的中国名菜。《本草纲目·鳇鱼》中云："其脂与肉层层相间，肉色白，脂色黄如蜡。其脊骨及鼻，并鳍与鳃，皆脆软可食。其肚及仔盐藏亦佳。其鳔亦可作胶。其肉骨煮炙及作炸皆美。"

袁枚在此节介绍了两种鲟鱼的烹制方法：一是将鲟鱼切片、油爆，加酒和酱油烧开，加作料，多放一些腌制的嫩瓜、嫩姜和葱花。还有一种方法，将鱼用白水煮开十滚，去掉大骨，把肉切成小方块。然后取出鱼的软骨也切成小方块，把汤去掉沫，先煨脆骨到八分熟，加酒、酱油，再下鱼肉，煨二分烂起锅，加葱、椒、韭，再用一大杯姜汁就可以了。

袁枚提到的鲟鱼的软骨和骨髓俗称"龙筋"，可食用，且素有"鲨鱼翅，鲟鱼骨"之说。此外，鲟鱼籽酱也是盘中珍馐，有"黑色黄金"和"绿宝石"的美称。

黄鱼

黄鱼切小块，酱酒郁①一个时辰。沥干。入锅爆炒两面黄，加金华豆豉一茶杯，甜酒一碗，秋油一小杯，同滚。候卤干色红，加糖，加瓜姜收起，有沉浸浓郁之妙。又一法，将黄鱼拆碎，入鸡汤作羹，微用甜酱水、纤粉②收起之，亦佳。大抵黄鱼亦系浓厚之物，不可以清治③之也。

【注释】

①郁：通"燠"，温暖的意思。这里指把切成小块的黄鱼浸在酱油和酒中。

煎焖大黄鱼（图片提供：微图）

②纤粉：即芡粉。
③清治：制作清淡。

【解读】

　　黄鱼有"大小黄鱼"之分，又名"黄花鱼"。其鱼头中有两颗坚硬的石头，学名称为"耳石"，起到传达声波和保持鱼体平衡的作用，故又名"石首鱼"。夏季端阳节前后是大黄鱼的主要汛期，清明至谷雨则是小黄鱼的主要汛期。此时的黄鱼身体肥美，鳞色金黄，发育达到顶点，最适于食用。作为海鱼，黄鱼离水便死，所以务求新鲜。黄鱼的做法很多，糖醋、醋烹、松子鱼（即松鼠黄鱼）、烩鱼羹、抓炒鱼等，都可称为美味。家庭所做黄鱼，以"侉炖"为主，黄花鱼肉加蒜瓣，脆嫩之味远胜淡水鱼。

班鱼

　　班鱼最嫩，剥皮去秽，分肝、肉二种，以鸡汤煨之，下酒三分、水二分、秋油一分；起锅时，加姜汁一大碗、葱数茎，杀去腥气。

【解读】

　　袁枚所说的班鱼也称为"鲼鱼"、"斑点鱼"，形似河豚，略小，背青色，有苍黑斑纹，生产于长江下游地区。在古代，关中地区的人称班鱼的肝为"斑肺"，质柔鲜嫩，但是很腥气。班鱼的肉比较粗，也带有腥气，所以书中说烹制班鱼要加酒、姜汁和葱。其实，加姜汁也是有学问的，一般是在鱼烹饪得差不多的时候，鱼的蛋白已经凝固，再添加生姜最为合适。如果过早放姜，那么鱼体浸出液中的蛋白质就会减弱生姜去腥的作用。

生姜片

假蟹

煮黄鱼二条，取肉去骨，加生盐蛋四个，调碎，不拌入鱼肉；起油锅炮，下鸡汤滚，将盐蛋搅匀，加香蕈、葱、姜汁、酒，吃时酌用醋。

【解读】

袁枚所说的假蟹，实际上是黄鱼羹。因为加入了咸蛋，其颜色类似蟹油的深黄色，而且菜肴也具有螃蟹特有的鲜味，其形态、味道和菜色都很像蟹羹，所以称为"假蟹"。

除了上述袁枚所说的做法外，还可以在黄鱼羹中添加其他食材。比如，黄鱼去鳞洗净后，取鱼肉切丁，热锅加油，放葱段爆香。之后可以放入笋、海参、火腿等食材，加入调料，翻炒煮熟，淋上生粉水及鸡蛋，起锅前再浇上香油，不仅味道鲜美，营养价值也更为丰富。

特牲单

猪用最多，可称"广大教主①"。宜古人有特豚②馈食之礼。作《特牲③单》。

【注释】

①广大教主：各种物料的首领。因为猪肉用得最多，以猪制成的菜肴也多，所以可以称之为各种物料的首领。

②特豚：指整头猪。

③特牲：杰出的牲畜。因猪肉的味道好、用途广，故称特牲。

【解读】

　　猪又名"豚"，是人类最早驯养的家畜之一，猪肉也是人类肉食的重要来源。猪肉的利用率非常高，不同部位的肉适用不同的烹饪方法。因为猪肉纤维较为细软，结缔组织较少，肌肉组织中含有较多的肌间脂肪，

绿釉陶猪圈（东汉）

因此烹调加工后肉味特别鲜美。袁枚在特牲篇开头说古人有"特豚馈食"之礼，《礼记·内则第十二》云："庶人特豚，士特豕，大夫少牢，国君世子大牢。"而在古代婚礼中，第二天早起后，新娘要在室内设宴礼请公婆，宴席上主菜只有一只做熟的小猪，而没有鱼等其他肉食，所以此宴也叫"馈特豚"。《特牲单》原载43条，本书选取其中的27条加以解读。

猪头二法

洗净五斤重者，用甜酒三斤；七八斤者，用甜酒五斤。先将猪头下锅同酒煮，下葱三十根、八角三钱，煮二百余滚；下秋油一大杯、糖一两，候熟后尝咸淡，再将秋油加减；添开水要漫过猪头一寸，上压重物，大火烧一炷香；退出大火，用文火细煨，收干以腻①为度；烂后即开锅盖，迟则走油②。一法打木桶一个，中用铜帘③隔开，将猪头洗净，加作料闷入桶中，用文火隔汤蒸之，猪头熟烂，而其腻垢悉从桶外流出，亦妙。

【注释】

①腻：这里指肉烂水干。

②走油：这里的油指肉质中所含的脂肪美味，走油指肉中脂肪美味流失。

③铜帘：铜制的放在木桶中像竹屉一样的部件。

【解读】

自古以来猪就被推为"六畜"之首，而猪头是首中之首。在各种祭祀仪式中，猪头都是必不可少的祭品。猪头肉皮厚无筋，肉少而嫩，在民间很受欢迎。如淮扬菜系中的"扒烧整猪头"火工最讲究、历史也最悠久，是道久负盛名的淮扬名菜。猪头肉的美味，概而言之，一是"肥"，这种肥有别于其他肉类的肥腻，而是肥中夹瘦、肥而不腻；二是"糯"，酥而不烂，酥糯爽口；三是"香"，将猪头肉切片装入盆后再浇上小磨麻油，四溢的香气总引得人食欲倍增；四是"脆"，猪头肉的脆是因为猪耳朵中含有脆骨，且脆骨又包在肉中。

此节介绍了一种较为典型的炖猪头之法，将洗净的猪头放在锅内，加上甜酒、葱、八角、糖等调料，以小火慢慢炖烂，不仅可将肉中的油腻炖出，而且肉质酥烂，吃起来肥而不腻，鲜香可口。此外，烹饪猪头也可用酱、扒、烧等技法，如酱猪头肉、红扒猪头、豆渣烧猪头等，都是流传久远的名菜。

扒猪脸（图片提供：微图）

猪肚二法

将肚洗净，取极厚处，去上下皮，单用中心，切骰子块，滚油炮炒，加作料起锅，以极脆为佳。此北人法也。南人白水加酒，煨两枝香，以极烂为度，蘸清盐食之①，亦可；或加鸡汤作料，煨烂熏切②，亦佳。

【注释】

①蘸清盐食之：这种做法就是现在的"水煮白肚"。
②熏切：这种做法即现在的酱肚。

【解读】

猪肚，就是猪的胃，其组织以平滑肌和浆膜为主，色白，性味甘温。猪肚不仅口感脆嫩，滋味鲜爽，而且含有蛋白质、脂肪、碳水化合物、维生素及钙、磷、铁等营养成分，具有补虚损、健脾胃的功效。在以前，猪肚是宴客的高级食材，近年来已经很普遍，但宴客时仍不失为一道佳肴。

猪肚的清洗有一定的讲究，因为其内部有黏液和杂质，所以在烹饪前先要用大量的盐搓洗，再内外翻转，以面粉、白醋搓洗干净，放入沸水中煮，再切去多余的脂肪。猪肚适于爆、烧、拌和作什锦火锅的原料，烧熟后，可以切成长条或长块，加汤水，放入锅里蒸。这时，猪肚会涨厚一倍，但注意不能先放盐，否则猪肚就会紧缩。另外，可以加上料酒进行烹煮，可使其中的多种有机物质溶解，质地也更为软嫩。

猪肺二法

洗肺最难，以沥尽①肺管血水，剔去包衣为第一着。敲之扑之②，挂之倒之，抽管割膜，工夫最细。用酒水滚一日一夜。肺缩小如一片白芙蓉，浮于汤面，再加作料。上口如泥。汤西厓少宰③宴客，每碗四片，已用四肺矣。近人无此工夫，只得将肺拆碎，入鸡汤煨烂亦佳。得野鸡汤更妙，以清配清故也。用好火腿煨亦可。

【注释】

①沥：同"沥"，滴落之意。
②扑：同"扑"，敲打。
③少宰：官名，明清时期俗称吏部侍郎为少宰。

【解读】

猪肺，就是猪肺部肉，色红白，适于炖、卤、拌，如"卤五香肺"、"银杏炖肺"等。猪肺是猪的内脏，猪肺中藏匿了大量细菌，且猪肺充满血管，筋膜也很多，清洗较为困难。现在，一般把肺管套在水龙头上灌水，反复多次，直到肺叶变白，再放入锅中烧煮，逼出残秽物。煮食猪肺时，若加沙参、玉竹、百合、杏仁、无花果、罗汉果、银耳等食材，还具有滋阴生津、润肺止咳的功效。

猪腰

　　腰片炒枯则木，炒嫩则令人生疑①；不如煨烂，蘸椒盐食之为佳。或加作料亦可。只宜手摘②，不宜刀切。但须一日工夫，才得如泥耳。此物只宜独用，断不可搀入别菜中，最能夺味而惹腥。煨三刻则老，煨一日则嫩③。

【注释】

①炒嫩则令人生疑：古人认为炒得嫩不干净，吃了会生痰。
②只宜手摘：已经煮酥的腰子只能用手瓣成块，不适合用刀切。
③煨一日则嫩：这里的嫩指酥烂。

【解读】

　　猪腰指的是猪肾，口感软嫩，含有蛋白质、脂肪、碳水化合物、钙、磷、铁和维生素等，有健肾补腰、和肾理气之功效。不过猪腰具有较重的腥味，需要适当地处理。在粗加工时，应在洗净后撕去外层的薄膜和油脂，清除猪腰中间白色的输尿管，再进行烹饪。一般猪腰都是切片或者切花油爆，需要加调料去腥臊，还可以加入青菜等蔬菜，以求荤素搭配。

　　此节中说，猪腰只能单独烹制。与其切片炒制，不如煨烂蘸椒盐吃。

猪里肉

　　猪里肉，精而且嫩。人多不食。尝在扬州谢蕴山太守席上，食而甘之。云以里肉切片，用纤粉团成小把，入虾汤中，加香蕈、紫菜清煨，一熟便起。

【解读】

　　猪里肉也称"里脊"，是位于脊骨外与脊骨平行的一条肉，呈长条圆形，一头稍细，是猪身上最嫩的肉。一头猪身上通常只有两三斤里脊肉，数量极少，因而现在饭店里的名叫"里脊"的菜肴通常用的是普通瘦肉。里脊肉质优细嫩，易于加工，切片、切丝、切丁、炸、馏、爆、炒都可以。此节介绍的是用里脊肉做的"川肉片汤"，即将里脊切片放入汤中略氽即可出锅。

白片肉

　　须自养之猪，宰后入锅，煮到八分熟，泡在汤中，一个时辰取起。将猪身上行动之处①，薄片上桌。不冷不热，以温为度。此是北人擅长之菜。南人效之，终不能佳。且零星市脯②，亦难用也。寒士③请客，宁用燕窝，不用白片肉，以非多不可故也。割法须用小快刀片之，以肥瘦相参，横斜碎杂为佳，与圣人"割不正不食"④一语，截然相反。其猪身，肉之名目甚多。满洲"跳神肉"⑤最妙。

【注释】

①行动之处：经常活动的部位，指猪的前后腿。

②零星市脯：零碎卖肉。市，买；脯，干肉。

③寒士：魏晋南北朝时期讲究门第，出身寒微的读书人称为寒士。或指贫苦的读书人。

④割不正不食：指肉切得不方正就不吃。语出《论语·乡党》。

⑤跳神肉：跳神是一种祭神请神之舞。祭祀时人们将猪白煮，礼毕，众人席地割肉而食，称为跳神肉。

【解读】

　　白片肉，又名"白煮肉"、"白肉"，采用的是猪身上经常活动的部位，因为这部分肉质地较为结实，纤维较粗，容易切片。而且白片肉以薄而大者为佳，所以这部分肉最为合适。

　　白片肉的制法和吃法，据说是清代皇帝入关后，才从宫中传到民间的。据《梵天庐丛录》载："清代新年朝贺，每赐廷臣吃肉，其肉不杂他味，煮极烂，切为大脔，臣下拜受，礼至重也，乃满洲皆尚此俗。"《清稗类钞》中也有记载："满州贵家有大祭祀或喜庆，则设食肉之会。……肉皆白煮，无酱油，甚嫩美，量大者可吃十斤。"

　　白片肉薄如纸，粉白相间，肥而不腻，瘦而不柴。北京有家建于清乾隆年间的老饭馆"砂锅居"，就以水煮白肉为特色菜，传说当时此店用一口直径133厘米的大砂锅煮肉，每天只进一头猪，生意兴

隆，午后就卖完了。直
至今日，砂锅居的砂
锅白肉依然是十分有
名的招牌名菜。

　　袁枚说满洲跳神肉
是白肉中最好的。满族曾有
一种传统大礼叫做跳神仪，无论富
贵仕宦还是普通百姓，其室内必供奉神

蒜泥白肉（图片提供：微图）

牌，敬神，祭祖。春秋择日致祭之后，接着就吃跳神肉。这种跳神肉
皆为白煮，不加盐酱，十分鲜嫩。吃时人们须用刀自片自食，善片者
能以小刀割下巴掌大小、像纸一样薄的大片，肥瘦兼而有之。

　　特别值得一提的是，四川人在白肉的烹饪基础上加以蒜泥调味，
不仅使白肉更好吃了，而且营养价值也更高。可以说，川菜中的蒜泥
白肉在各地的白肉中是青出于蓝而胜于蓝了。

红煨肉三法

　　或用甜酱，或用秋油，或竟不用秋油、甜酱。
每肉一斤，用盐三钱，纯酒煨之；亦有用水者，但
须熬干水气。三种治法皆红如琥珀，不可加糖炒色。
早起锅则黄，当可则红①，过迟则红色变紫，而精
肉转硬。常起锅盖，则油走而味都在油中矣。大抵

割肉虽方，以烂到不见锋棱，上口而精肉俱化为妙。全以火候为主。谚云："紧火粥，慢火肉。"至哉言乎！

【注释】

①当可则红：煨肉的时间刚合适，肉的颜色就发红。

【解读】

　　红烧肉可以说是中华美食中影响最广、受欢迎程度最高的菜肴之一。无论是在平民百姓的餐桌上，还是高级酒店乃至国宴的宴席上，都可以见到红烧肉的身影。而且，各地各菜系对于红烧肉都有各自不同的做法。红烧肉的主料是带皮五花肉，切成近似正方体的小块，加入作料后放入锅中，宽汤文火，慢慢煨至酥烂，以不见锋棱，入口即化为佳。红烧肉"红如琥珀"的色泽，南方人习惯用酱料或酱油来实现，而北方人则喜欢炒糖上色。不管如何，"紧火粥，慢火肉"确实是一句至理名言。苏东坡也曾在《猪肉颂》中写道"待他自熟莫催他，火候足时他自美"，正是这个道理。只有掌握好火候，才能做出一锅精肉俱化、不见锋棱、香气四溢的红烧肉。

红烧肉

油灼肉

用硬短勒①切方块，去筋襻②，酒酱郁③过，入滚油中炮炙④之，使肥者不腻，精者肉松。将起锅时，加葱、蒜，微加醋喷之。

【注释】

①硬短勒：猪肉部位，位于肋条骨下的板状肉，又称"五花肉"。
②筋襻（pàn）：瘦肉或骨头上的白色条状物，即肌腱或韧带。
③郁：原意为温暖，这里指浸泡。
④炮炙：原指在火上焙烤中药，这里指把肉放在滚油中煎炸。

【解读】

袁枚所说的油灼肉与今天江浙一带流行的"走油肉"十分近似。选用猪五花肉切方块（现在通常切成宽长条），用料酒和酱油腌过后，入滚油煎炸，目的是将肉中的肥油逼出，使肉的口感肥而不腻。完成后的走油肉皮起皱纹，色泽红润，酥烂鲜香，下饭最宜。后来的梅菜扣肉和虎皮肉做法也都与这味油灼肉一脉相承。

梅菜扣肉

脱沙肉

去皮切碎，每一斤用鸡子①三个，青黄②俱用，调和拌肉；再斩碎，入秋油半酒杯，葱末拌匀，用网油③一张裹之；外再用菜油四两，煎两面，起出去油；用好酒一茶杯，清酱半酒杯，闷透，提起切片；肉之面上，加韭菜、香蕈、笋丁。

【注释】

①鸡子：即鸡蛋。
②青黄：蛋清和蛋黄。
③网油：从猪的大肠上剥离的一层薄油脂，呈网状，是制作菜肴时常用的配料。

【解读】

"脱"，意思是肉去骨、皮，"沙"则是指细碎松散之物。实际上，此道菜肴是用蛋和碎肉调和后煎好，再添加其他食材一起急火烧开，而后慢火焖煮。这道菜的烹制工序中，使用了荤素油结合的方法。

火腿煨肉

火腿切方块，冷水滚三次，去汤沥干；将肉切

方块，冷水滚二次，去汤沥干；放清水煨，加酒四两、
葱、椒、笋、香蕈。

火腿是腌制或熏制的猪腿，又名"火肉"、"兰熏"，因其肉质
嫣红似火得名。火腿最早产于宋代的浙江金华地区，传说当地百姓曾
用其慰劳抗金名将宗泽率领的军队，后被列为贡品。现在主要名产有
浙江的金华火腿、江苏的如皋火腿、云南的宣威火腿等。上好的火腿
皮薄肉厚，瘦肉嫣红，肥肉透亮，不咸不淡，香甜鲜醇。火腿煨肉的
风味十分独特，可谓香鲜结合。在煨煮时加入笋与香菇，能有效地吸
收火腿和鲜肉的美味，还可达到荤素搭配的效果。

粉蒸肉

用精肥参半之肉，炒米粉黄色，拌面酱蒸之，
下用白菜作垫。熟时不但肉美，菜亦美。以不见水，
故味独全。江西人菜也。

【解读】

粉蒸肉，又名"面面肉"，广泛流行于中国南方地区，在川菜、
湘菜、浙菜等菜系中都有这一菜式。粉蒸肉糯而清香，酥而爽口，米

粉油润，五香味浓郁。现在常见的粉蒸肉有两种，一种是肉与粉拌好后，扣在碗中放到笼中蒸，一般下面不用放菜作垫；另一种是用荷叶包裹后再上蒸笼，味道更加清香鲜美，还带有荷叶的味道。在用荷叶裹蒸之时，可将肉蒸至八分熟，再用粉调制，包裹荷叶，这样荷叶的清香才能更好地融入肉味之中。

小笼粉蒸肉

熏煨肉

先用秋油、酒将肉煨好，带汁上木屑，略熏之，不可太久，使干湿参半，香嫩异常。吴小谷广文①家，制之精极。

【注释】

①广文：明清以来，泛指儒家教官。

【解读】

熏制，是中国传统的肉类烹饪技法之一。熏制菜肴的特点是色泽光亮，带有熏料的特殊香味。一般来说是将处理好的食材放置到由木屑、花生壳或松柏等燃料点燃后升起的烟内进行熏制。熏制又分"生熏"和"熟熏"两种，"生熏"是指将加工好的原料用调料腌浸一定的时间，然后放入熏锅里，利用熏料起烟熏制；而"熟熏"是将原料经过蒸、煮、炸等方法处理成熟料，再进行熏制。本小节所述的熏煨肉就是熟熏的做法。

芙蓉肉

精肉一斤，切片，清酱拖过，风干一个时辰。用大虾肉四十个，猪油二两，切骰子大，将虾肉放在猪肉上。一只虾，一块肉，敲扁，将滚水煮熟撩起。熬菜油半斤，将肉片放在眼铜勺①内，将滚油灌熟②。再用秋油半酒杯，酒一杯，鸡汤一茶杯，熬滚，浇肉片上，加蒸粉③、葱、椒，糁④上起锅。

【注释】

①眼铜勺：即"笊篱"，又叫"漏勺"。
②灌熟：把热油反复浇浸在食物上，直到食物熟为止。
③蒸粉：绿豆经水磨沉淀、沥干之后的粉，作芡粉用。
④糁（sǎn）：溅，洒。

【解读】

芙蓉肉属于江浙菜系的传统名菜，以猪肉、虾肉为原料烹制而成，色泽美观，香鲜可口。其制作很费工夫，需要极大的耐心。现在这道菜仍有供应，用料更精，选取猪里脊肉做，还会加入熟火腿末。

这道菜肴之所以卖相美，是因为虾肉烧熟后呈现出粉色，色似芙蓉，故得名。除了卖相，此菜口感也甚佳，猪肉肉香浓郁，虾肉则清新鲜嫩，且肉片是以热油来回浇注而熟，因而非常鲜香。此外，这道菜的营养价值也较为丰富，猪肉主要含有纤维蛋白，虾肉则主要是高蛋白，两者可以互补，因而这道菜具有气血双补的作用，真可谓色、香、味、形俱佳。

荔枝肉

用肉切大骨牌①片，放白水煮二三十滚，撩起；熬菜油半斤，将肉放入炮透，撩起，用冷水一激，肉皱，撩起；放入锅内，用酒半斤，清酱一小杯，水半斤，煮烂。

【注释】

①骨牌：牌类娱乐用具，旧时多用以赌博。每片长宽约为 33mm×23mm。

【解读】

荔枝肉是福州地区的传统名菜，至今已有二三百年的历史，因其色、形、味都与荔枝类似而得名。

现代荔枝肉的取料和制法与文中记载有所差异。现多取用猪夹心肉，去皮去肥，切成小块，用刀拍松，再用干淀粉拌匀，加入鸡蛋和料酒调好。将肉在芡粉中浸过，入油锅炸至酥脆，加糖醋卤汁拌炒，味道酸甜鲜美，外焦里嫩。装盘时还可把鲜荔枝作为装饰围边。乍看之下，这道菜和糖醋里脊有点相似，不过糖醋里脊外面裹的是面粉，油炸后入口粉味较重，而荔枝肉用芡粉，口感更为滑糯，肉也较为鲜嫩。还有的做法是在肉片内包上马蹄（荸荠）肉再油炸，完成后看起来就像是一颗颗浑圆的带壳荔枝，咬开后露出白色的马蹄肉，真如荔枝一般。

八宝肉

用肉一斤，精、肥各半，白煮一二十滚，切柳叶片。小淡菜二两，鹰爪①二两，香蕈一两，花海蜇②二两，胡桃肉四个去皮，笋片四两，好火腿二两，麻油一两。将肉入锅，秋油、酒煨至五分熟，再加余物，海蜇下在最后。

【注释】

①鹰爪：旧时称嫩芽茶为"鹰爪"。
②花海蜇：即海蜇头。它新鲜时像花一样，制干后就像许多小舌头。

【解读】

以"八宝"命名的菜肴在中国人的饮食中十分常见，指一道食物用到八种食材，如八宝粥、八宝鸭、八宝辣酱、八宝茶等等。"八宝"二字既突出了食材的珍贵，又博得好口彩，寓意吉祥如意。八宝肉古代为江南名菜。如今，八宝肉之名虽存，且南北各地均有，但取料和制法与之前已大不相同，每个地方都有所差别。

八宝肉最具特色之处在于煮肉时加入嫩茶叶，取其清香，为菜肴锦上添花。当今也有不少菜式烹饪时加入茶叶。如广东的香茶鸡，是以名贵的乌龙茶和嫩鸡为原料，细嫩清香、补益五脏；安徽名菜金雀舌，选用黄山特产毛峰茶及峰雀舌，加鸡蛋及配料烹制而成，不仅色泽鲜艳，味道更是鲜美可口；杭州名菜龙井虾仁，也是采用清明前的龙井新茶与时鲜的河虾为原料烹制而成，色泽淡雅、细嫩爽口。

炒肉丝

切细丝，去筋襻、皮、骨，用清酱、酒郁片时，用菜油熬起，白烟变青烟后，下肉炒匀，不停手，加蒸粉，醋一滴，糖一撮，葱白、韭蒜之类；只炒半斤，大火，不用水。又一法：用油泡后，用酱水加酒略煨，起锅红色，加韭菜尤香。

【解读】

炒肉丝是十分常见的家常菜，但要将肉丝炒得细嫩入味，并不是一件容易的事，需要掌握一定的技巧。此节介绍了炒肉丝的两种做法。猪肉切丝时要顺着肉的纹理下刀，然后将肉丝加盐、料酒、生鸡蛋，用手搅拌均匀，这叫做"上浆"。上好浆的肉丝放入油锅中爆炒，要用旺火，以迅速断生，保持肉中的水分。袁牧介绍在肉丝出锅时，可加少许醋、糖，可以提鲜增香，使肉丝更加鲜嫩可口。

炒肉片

将肉精、肥各半，切成薄片，清酱拌之。入锅油炒，闻响即加酱、水、葱、瓜、冬笋、韭芽，起锅火要猛烈。

【解读】

要把炒肉片做得嫩滑，有一定的诀窍。可选肋条或后腿肉，切成不超过3毫米厚的肉片，调制好后，将油烧热，放入拌好的肉片，用勺来回轻轻拨动，直到肉片伸展。和炒肉丝一样，炒肉片也要用旺火，爆炒一会儿即可。

炒菜是中国的烹饪技法之一，讲究旺火速成，断生起锅，在很大程度上保持了原料的营养成分。这种烹调法可使肉汁多、味美，鲜脆嫩滑。当然炒的方法是多种多样的，具体有生炒、熟炒、软炒（又称"滑炒"）、煸炒（又称"干煸"）、焦炒等等，需要视具体食材而定。

八宝肉圆

猪肉精、肥各半，斩成细酱，用松仁、香蕈、笋尖、荸荠、瓜姜之类，斩成细酱，加纤粉和捏成团，放入盘中，加甜酒、秋油蒸之。入口松脆。家致华云：
"肉圆宜切，不宜斩。"必别有所见。

【解读】

八宝肉圆属于徽州菜，以肉味出鲜、火腿佐味、冬菇增香而著
称。又有笋在其中，所以嫩里有脆，咸香可口。袁枚提出的"肉圆宜
切，不宜斩"，即制作肉末时只宜用刀细细切碎，而不宜快刀斩剁，
颇有一定的道理。这是因为肉的鲜香之味主要来自于肉汁，用刀切碎
肉块比剁碎所用的力道要小得多，肌肉细胞的破坏程度也就小许多，
这样肉中所含的蛋白质和氨基酸就能更好地得以保留，肉质也更好。

空心肉圆

将肉捶碎郁过，用冻猪油一小团作馅子，放在
团内蒸之，则油流去，而团子空心矣。此法镇江人
最善。

【解读】

空心肉圆是镇江的传统名菜，用一小块冻猪油放在肉饼中心作
馅，然后团成圆子，蒸熟后内里的冻猪油受热融化，被肉吸收，圆子

就变成空心的了。空心肉圆由于油脂多而非常美味，但如今看来，其脂肪含量过高，不符合饮食健康的标准。人们虽想出了其他方法，如以冰糖等易融物来代替猪油，但是最终呈现的味道始终难及。正所谓"鱼与熊掌不可兼得"。

尹文端公①家风肉

杀猪一口，斩成八块，每块炒盐②四钱，细细揉擦，使之无微不到。然后高挂有风无日处。偶有虫蚀，以香油涂之。夏日取用，先放水中泡一宵，再煮，水亦不可太多太少，以盖肉面为度。削片时，用快刀横切，不可顺肉丝而斩也。此物惟尹府至精，常以进贡。今徐州风肉不及，亦不知何故。

【注释】

①尹文端公：尹继善(1695—1771)字元长，号望山，谥号文端公，满洲镶黄旗人，雍正元年(1723)进士，曾做过江苏巡抚。
②炒盐：在锅里炒过的盐。

【解读】

风肉是腌肉的一种，所谓"风"，就是将用盐腌过的肉置于

尹文端公像

干燥通风处晾挂。一直到肉质硬化后，就可以烹制食用了。风肉和腊肉的区别是，腊肉在腌制之后要经过一个烘烤的过程，而风肉则是在腌制后直接晾挂风干。

袁枚指出，切风肉时不可顺着肉丝，而要用快刀横切。这是因为风肉肉质较硬，横着肉纤维纹路切，容易将肉切碎，烹调时也更嫩易嚼。烹制后的风肉肉质很细嫩，脂肪丰满且爽口不腻，最宜夏季煮食。不过风肉不宜久存，如果在冬至制作风肉，应在来年夏季前吃完。

> ### 烧小猪
>
> 小猪一个，六七斤重者，钳毛去秽，叉上炭火炙之。要四面齐到，以深黄色为度。皮上慢慢以奶酥油涂之，屡涂屡炙。食时酥为上，脆次之，硬斯下矣。旗人有单用酒、秋油蒸者，亦惟吾家龙文弟，颇得其法。

【解读】

烤乳猪，是著名的特色粤菜。早在西周时它就已被列为"八珍"之一，称为"炮豚"。南北朝时期，贾思勰把烤乳猪作为一项重要的烹饪技术记载在《齐民要术》之中："色同琥珀，又类真金，入口则消，壮若凌雪，含浆膏润，特异凡常也。"到了清朝康熙年间（1662—1722），烤乳猪成为宫廷名菜，也是"满汉全席"中的主要菜肴之一。

烤乳猪（图片提供：微图）

　　许多年来，烤乳猪还是广东人重要的祭祀用菜，是家家户户祭祖时都少不了的应节之物。其最重要的烹饪技法便是"烤"。如果调料不全，或是烤制不到位，那么猪皮的颜色和口感就不正，颜色发黑是火猛了，颜色发浅则是火候不到家。如果烤制时用慢火，则烤出来的猪皮光滑，称为"光皮"；如果用猛火，且期间不断上油，那么猪皮就会充满金黄色的气泡，称为"麻皮"。烤得好的乳猪，皮脆肉嫩，骨酥味香，十分美味。

> **排骨**
> 　　取勒条排骨精肥各半者，抽去当中直骨，以葱代之。炙用醋、酱频频刷上，不可太枯。

排骨指的是剔肉后剩下的猪肋骨和脊椎骨，上面还附有少量肉，可以食用。常见的排骨制法为红烧或炖煮，不过文中介绍的是烤排骨。要选取肥瘦各半的肋条骨，将直骨去掉，代之以葱，然后刷上醋和酱油，放入火中炙烤。这种做法步骤简便，而且鲜香四溢。

杨公圆

杨明府①作肉圆，大如茶杯，细腻绝伦。汤尤鲜洁，入口如酥。大概去筋去节，斩之极细，肥瘦各半，用纤合匀。

【注释】

①杨明府：指好友杨兰坡。

【解读】

肉圆，在中国大部分地区又叫"肉丸子"，主要食材就是猪肉。因为肉圆制作工艺简单、食用方便，且味道鲜美，所以它是人们非常喜爱的一种家常菜肴。此节介绍了袁枚尝过的杨明府家的肉圆。除了文中所提到

淮扬名菜蟹粉狮子头

特牲单

的把肉去筋弃节、剁细等细节外，要让肉圆爽口弹牙，还可以先打一碗蛋清，用力向一个方向打散至起沫后倒入肉馅中，再在肉馅中加入酱油、料酒、盐、水、淀粉等作料后，顺着一个方向快速搅拌；直到肉馅黏稠搅不动时，用大勺托起打好的肉馅用力摔打，这样能够让肉圆的肉质更加紧实、细嫩，口感也更好。

　　文中说杨明府家做的肉圆大如茶杯，细腻而鲜洁，其制法与今日的"狮子头"十分近似。狮子头是淮扬菜系的传统名菜，是由肥瘦各半的猪肉加上葱、姜、鸡蛋等配料制成肉泥，做成拳头大小的肉丸，可清蒸，可红烧，有许多不同的做法，口味也各不相同。

杂牲单

牛、羊、鹿三牲，非南人家常时有之之物。然制法不可不知。作《杂牲单》。

【解读】

所谓杂牲，就是除了猪以外的牲畜。南方人以猪肉为主要肉类食材，而很少吃牛、羊、鹿肉。作者认为，虽然南方人不常以杂牲做菜，但还是应当将其做法记录下来，所以他写了这个《杂牲单》。

牛肉

买牛肉法，先下各铺定钱，凑取腿筋夹肉处，不精不肥，然后带回家中，剔去皮膜，用三分酒、二分水清煨极烂，再加秋油收汤。此太牢①独味孤行者也，不可加别物配搭。

【注释】

①太牢：古代宴会或祭祀时通常牛、羊、猪三牲并用，合称为太牢。后专指牛为太牢，羊为少牢。

【解读】

牛的驯化距今至少已有6000年的历史。中国人借牛力开垦耕种

田地的历史也由来已久，中国
人素来有爱牛、敬牛、拜牛的
习俗。在远古时代，牛主要被
用作祭祀的祭品。牛牲自古即
为上品，大型祭祀时每次宰牛多
达三四百头。而牛肉也是中国人餐
桌上不可或缺的美食。与猪肉相比，牛
肉脂肪含量低，而蛋白质含量很高，营养丰

酱牛肉

富，味道鲜美。此节介绍的做法是将牛肉加酒、水煨
烂，再加酱油收汤。牛肉的肌肉纤维较粗，不易熟烂，所以需要用文
火长时间煨煮，在锅中放少量山楂、橘皮或茶叶，可以使其易烂。在
各种烹制方式中，以清炖牛肉保存营养成分较好，而且更适于人体消
化吸收。

> ## 牛舌
>
> 牛舌最佳。去皮、撕膜、切片，入肉中同煨。
> 亦有冬腌风干者，隔年食之，极似好火腿。

【解读】

牛舌，在粤澳地区也叫"牛脷"。按照表层的颜色分，可以分为
白舌和黑舌两种。从价格及味道上判断，黑舌较好。购买新鲜牛舌，
要选择横截面粗大的，这样的牛舌不但肉多，且吃起来很可口。牛舌
外有一层老皮，烹饪时需要先将其去掉。牛舌料理的方式多种多样。

由于牛舌肉质较软，中式烹调多以酱爆、快炒的方式处理。其中，河南人喜食大葱扒牛舌，而以吃著称的广东人则多吃卤牛舌，卤水牛舌甘醇浓厚，美味芳香；日本流行岩烧牛舌的料理方式；韩国人热衷烧烤牛舌；欧洲人吃牛舌，熏、腌、烩、炖皆有，甚至罐装出售。

羊头

羊头毛要去净；如去不净，用火烧之。洗净切开，煮烂去骨。其口内老皮，俱要去净。将眼睛切成二块，去黑皮，眼珠不用，切成碎丁。取老肥母鸡汤煮之，加香蕈、笋丁，甜酒四两，秋油一杯。如吃辣，用小胡椒十二颗、葱花十二段；如吃酸，用好米醋一杯。

【解读】

羊是最早被人类驯服的家畜之一。据考古发掘，早在新石器时代，羊已经是人类的伙伴。羊性情温顺、肉质鲜美，自古就是中国人，尤其是北方人肉食的重要来源。羊肉不仅肉质细腻，而且营养丰富，元人忽思慧的《饮膳正要》载："羊头，性凉，治骨蒸、脑热、头眩、瘦病。"羊头在北方菜中较为常见，北京、山西、河南等地都有十分出名的羊头菜肴。如北京小吃中的白水羊头，将羊头煮熟后用快刀切成纸一样薄的大片，色白如玉，撒上特制的椒盐，清脆可口，风味独特。在传统"全羊席"中，用羊头的不同部位作主料的菜肴就有18种之多。

白水羊头（图片提供：微图）

羊头的选材很关键，最好选用 2 至 3 龄，也称"四六口"的内蒙古产山羊头，俗称"羯羊"。这种羊头肉嫩而不膻，而且能切出又薄又大的肉片。文中强调羊头在烹制之前要将毛去干净，切开去骨，去掉嘴里的老皮和眼睛。如果羊毛去除不净，即使调味再好，也会令人倒尽胃口。

羊蹄

煨羊蹄，照煨猪蹄法，分红、白二色。大抵用清酱煮红，用盐者白。山药配之宜。

【解读】

羊蹄，是烹制筵席佳肴的重要原料之一，也是新疆维吾尔族、回族等穆斯林民族所擅长烹制的传统美食。

羊蹄含有丰富的胶原蛋白质，羊蹄与同样富含胶原蛋白的海参、鱼翅等相比，价更廉，味更美。由于富含胶原蛋白，多食羊蹄能使人的皮肤更富有弹性和韧性，从而延缓皮肤的衰老。羊蹄的脂肪含量也比一般的肥肉要低，而且不含胆固醇，能够增强人体细胞的生理代谢。同时它还具有强筋壮骨之功效，对腰膝酸软、身体瘦弱者有很好的食疗作用。

选材时，要选新鲜的、膻味小的羊蹄。文中说烹制羊蹄可分红、白两种，白煮羊蹄不加五香、八角之类的香料，以免破坏汤的乳白、浓香和鲜美，使汤汁失去原汁原味。而红扒羊蹄时则要放入清酱和香料。羊蹄肉少，不能烧过火，否则就只剩皮和骨头，一点咬头也没有了。

羊羹

取熟羊肉斩小块，如骰子大。鸡汤煨，加笋丁、香蕈丁、山药丁同煨。

【解读】

羊肉是温热性的食物，加入笋丁这种凉性辅料，可以起到中和的作用。羊羹的口感肥腻，口味浓厚，而笋、香菇、山药均为蔬菜类，一方面可以使荤素平衡，另一反面也能去膻除腻。这样做出来的羊羹会更加清鲜可口。

红煨羊肉

　　与红煨猪肉同。加剌眼核桃,放入去膻。亦古法也。

【解读】

　　红煨羊肉,汤浓色重,且肉质酥烂不膻,非常适合冬天食用,有滋补健身、生热避寒的功效。羊肉的营养价值高,味道鲜美,但它的膻味很重。这种味道主要来自羊肉中的挥发性脂肪酸,所以在烹饪的时候要非常注意。

　　袁枚在这一小节说道,古人有一种方法去膻,那就是选上几个质好的核桃,在上面打孔,放入锅中与羊肉同煮,这样就可以吸走膻味。除此之外,还有用萝卜、米醋、绿豆、咖喱、料酒、橘皮、山楂等去膻的方法,都相当有效。

红煨羊肉（图片提供：微图）

全羊

全羊法有七十二种，可吃者不过十八九种而已。此屠龙之技，家厨难学。一盘一碗，虽全是羊肉，而味各不同才好。

【解读】

全羊宴，也称"全羊席"，是根据羊躯干各部肌肉组织的分布不同，分档取料，采用不同的烹调方法，做出色、形、味、香各异的美味菜肴。全羊宴有吉祥如意的寓意，是清代名贵的大席之一。

在制作上，全羊席的菜品刀工精细、调味考究，运用炸、熘、爆、烧、炖、焖、煨、炒等多种技法，具有口味适中、脆嫩爽鲜等特点，风味独特。据说，全羊席是由清朝御厨马文焕创制的，一只羊可以做出70多道菜。但袁枚认为其中能得羊肉真味的菜品大致也只有十八九道，难怪袁枚说这是"屠龙之技"，一般家厨确实是很难掌握的。虽然一桌盘碗中都是羊肉，但是味道各不相同才是最好。

羽
族
单

> 鸡功最巨，诸菜赖之。如善人积阴德而人不知。故令领羽族之首，而以他禽附之。作《羽族单》。

【解读】

在传统烹饪中，鸡是最常见的食材原料，许多菜肴的制作都离不开它。鸡肉营养丰富，味道鲜美，不仅可以作为主料烹制，而且许多高贵菜式的配料也少不了鸡，比如海参、燕窝这些高档食材，其本身并无鲜味，全靠鸡汤调味。外国也有美食家曾说过："鸡对于厨师来说，正如画布于油画家。"所以在写《羽族单》的时候，袁枚把鸡的各种烹饪方法列在了最前面，以表示对它的敬意。随后还有一些其他禽类的做法，只是附带着说明一下，可供借鉴。

原书中《羽族单》共有菜品47种，本书选取其中27种加以解读。

烧鸡

鸡松

　　肥鸡一只，用两腿，去筋骨剁碎，不可伤皮。用鸡蛋清、粉纤、松子肉，同剁成块。如腿不敷用①，添脯子肉，切成方块，用香油灼黄，起放钵头内，加百花酒②半斤、秋油一大杯、鸡油一铁勺，加冬笋、香蕈、姜、葱等。将所余鸡骨皮盖面，加水一大碗，下蒸笼蒸透，临吃去之。

【注释】

①不敷用：不够用。
②百花酒：产于江苏镇江的传统名酒，用糯米、细麦曲和近百种野花酿制而成，其色深黄，气味芬芳，糖分较高。

【解读】

　　鸡腿肉和鸡胸脯肉都较为厚实，通常不易入味，用文中介绍的方法制成鸡松，口感会更好。将鸡肉去皮剁碎，和入蛋清、芡粉搅匀，划成方块，放入油锅内煎黄，然后铲起放入罐内，加水适量，再加百花酒、秋油、鸡油、冬笋、香蕈、姜、葱，将所余鸡骨、鸡皮盖在上面，上笼蒸至鸡块熟透即可。松子仁、香菇、姜、葱等配料，都能使肉质更加入味，营养更为丰富，且易于消化。

生炮鸡

小雏鸡斩小方块，秋油、酒拌，临吃时拿起，放滚油内灼之，起锅又灼，连灼三回，盛起，用醋、酒、粉纤、葱花喷之。

【解读】

生炮鸡的做法和现在粤菜中的炸子鸡非常相似。不同之处在于，生炮鸡切块后进行炮制，炸子鸡则是临吃时才切块。烹饪的关键在于要用猛火滚油，快进快出，这样鸡肉就会皮脆而肉嫩。此道菜肴色泽金黄，干香鲜咸，十分可口。

鸡粥

肥母鸡一只，用刀将两脯肉去皮细刮，或用刨刀亦可；只可刮刨，不可斩，斩之便不腻矣。再用余鸡熬汤下之。吃时加细米粉、火腿屑、松子肉，共敲碎放汤内。起锅时放葱、姜，浇鸡油，或去渣，或存渣，俱可。宜于老人。大概斩碎者去渣，刮刨者不去渣。

【解读】

袁枚在这一小节特别指出了鸡脯肉的处理方法。不用剁碎而用刮、刨，和之前《特牲单》中八宝肉圆的肉宜切不易斩的道理相通，可以保留更多完整的肌肉细胞，以此来留住鸡肉的美味。

炒鸡片

用鸡脯肉去皮，斩成薄片。用豆粉、麻油、秋油拌之，纤粉调之，鸡蛋清拌。临下锅加酱、瓜、姜、葱花末。须用极旺之火炒。一盘不过四两，火气才透。

【解读】

炒鸡片所用的主要食材是鸡脯肉。因为鸡脯肉较为厚实，且肉质没有其他地方细腻，所以切片时不应过厚，而应薄厚均匀。此外，袁枚在这一小节中提到，一盘炒鸡片的用肉量最好不要超过四两，要用旺火，也是这个原因。鸡脯肉要做得鲜嫩滑爽，给鸡肉上浆就非常重要了。可以先将水分摔打进肉质中，然

莴笋炒鸡片

后用一些蛋清裹住鸡肉，最后用芡粉锁住水分，把握好火候，这样滑炒出来的鸡片就很鲜香味美了。

羽族单

117

蒸小鸡

用小嫩鸡雏，整放盘中，上加秋油、甜酒、香蕈、笋尖，饭锅上蒸之。

【解读】

此道菜肴以嫩鸡为主要材料，因其肉质细嫩，所以加作料后蒸熟，能够最大限度地保留鸡肉的原汁原味。现在做清蒸鸡时，也可以先用含啤酒 20% 的啤酒水将收拾干净的鸡浸上 20 分钟，然后再蒸制，成品口味会更加纯正、鲜嫩。

酱鸡

生鸡一只，用清酱浸一昼夜，而风干之。此三冬菜也。

【解读】

袁枚在这一小节所说的酱鸡之法，似乎和现在有所不同。袁枚之法非常简单，只以清酱浸泡，然后风干即可，适合冬天食用。

鸡丁

取鸡脯子，切骰子小块，入滚油炮①炒之，用秋油、酒收起；加荸荠②丁、笋丁、香蕈丁拌之，汤以黑色为佳。

【注释】

①炮（bāo）：将食物放入油锅猛火快煎快炒，也可称为爆。
②荸（bí）荠（qí）：一种浅水性宿根草本植物，其球茎可作蔬菜食用，古称"凫茈"，又称"乌芋"。今有些地区称地栗、地犁、马蹄。荸荠皮色紫黑，肉质洁白，味甜多汁，清脆可口，既可做菜，也可当作水果。

【解读】

鸡丁，就是将鸡脯肉拍松后，切成1厘米见方的丁，并以此为主料做成的家常菜。炒鸡丁，要掌握火候，一般是用旺火爆炒，这样能够使鸡丁外脆里嫩。而加入荸荠、笋丁、香菇丁等，可以提鲜增香。现在，炒鸡丁在南方和北方都很盛行，袁枚说汤汁要以黑色为佳，而现在比较流行的是白汁，即只取用鸡丁和笋丁或花生等物一起炒之，而不添加香菇丁了，汤色自然不再为黑色。现

宫保鸡丁

在烹制鸡丁方法更多。如享誉海内外的宫保鸡丁，此外还有辣子鸡丁、酱爆鸡丁、榄仁鸡丁等等，都以其独特的风味受到人们的喜爱，也是现在饭店中常见的菜肴。

鸡圆

斩鸡脯子肉为圆，如酒杯大，鲜嫩如虾团。扬州臧八太爷家，制之最精。法用猪油、萝卜、纤粉揉成，不可放馅。

【解读】

此节记录了扬州臧八太爷家制作鸡肉圆的方法，仍然是以肉质稍粗的鸡脯肉为食材。加入猪油和芡粉，能够让鸡肉圆更为紧实、柔嫩。而萝卜则有特殊的解腥功能，可使菜肴更加鲜嫩爽口。

梨炒鸡

取雏鸡胸肉切片，先用猪油三两熬熟，炒三四次，加麻油一瓢，纤粉、盐花、姜汁、花椒末各一茶匙，再加雪梨薄片，香蕈小块，炒三四次起锅，盛五寸盘。

【解读】

鸭梨，又名“鸭嘴梨”、“古安梨”，集中产于河北南部、山东西北部、辽宁西部，是我国最古老的优良品种之一，约有200年栽培历史，属白梨系统品种。鸭梨呈倒卵圆形，近梗处有鸭头状突起，因此得名。其果面绿黄色，近梗处有锈斑，果实大而美，肉质极细酥脆，清香多汁，味甜微酸。

现在杭州菜式中还有“鸭梨炒鸡片”，很受欢迎。鸡肉味甘、性温，能温中补脾，益气养血，补肾益精，有非常好的滋补作用；鸭梨味甘、性寒，具生津润燥、清热化痰之功效，还有降低血压和养阴清热的效果。因而在营养价值上，鸭梨炒鸡，有一定的养生保健作用。

鸭梨炒鸡，讲究快进快出，除了让鸡肉鲜嫩以外，也能使梨片清脆爽口。

黄芽菜炒鸡

将鸡切块，起油锅生炒透，酒滚二三十次，加秋油后滚二三十次，下水滚，将菜切块，俟鸡有七分熟，将菜下锅；再滚三分，加糖、葱、大料。其菜要另滚熟搀用。每一只用油四两。

【解读】

黄芽菜，其实是大白菜的一个类群，是北方大棚和南方露地秋种冬收的作物。黄芽菜的种植历史较长，已有240年以上的历史。黄芽菜的著名品种有："六十日"、"菊花心"、"瓦盖头"、"大包头"、"小包头"等。

　　用黄芽菜和鸡肉一块烹炒，十分美味。黄芽菜本身的用途就很多，煮则汤若奶汁、叶质柔嫩；炒则嫩脆鲜美，风味独特。而且黄芽菜的营养也很丰富，和鸡肉一起食用可谓荤素搭配，相得益彰。

　　蒋鸡

　　童子鸡一只，用盐四钱、酱油一匙、老酒半茶杯、姜三大片，放砂锅内，隔水蒸烂，去骨，不用水。蒋御史①家法也。

【注释】

①蒋御史：即蒋士铨（1725—1784），铅山（今属江西）人，清代戏曲家、文学家，与袁枚、赵翼合称"江右三大家"。

【解读】

　　袁枚在此节记录了好友蒋士铨家做鸡的方法，故称此菜为"蒋鸡"。以童子鸡为主要食材，加上酒、姜去腥，加入调料，用砂锅隔水蒸烂去骨，即可，做法比较简单便捷。

唐鸡

鸡一只，或二斤，或三斤，如用二斤者，用酒一饭碗，水三饭碗；用三斤者，酌添。先将鸡切块，用菜油二两，候滚熟，爆鸡要透；先用酒滚一二十滚，再下水约二三百滚；用秋油一酒杯；起锅时加白糖一钱。唐静涵家法也。

【解读】

袁枚在此节记录了唐静涵家做鸡的方法。唐静涵是袁枚的好友，袁枚曾在《随园诗话》中写道："予过苏州，常寓曹家巷唐静涵家。其人有豪气，能罗致都知录事，故尤狎就之。"又说："静涵有姬人王氏，美而贤；每闻余至，必手自烹饪。"看来袁枚与唐静涵不仅是文友，在美食方面也是趣味相投。

鸡丝

拆鸡为丝，秋油、芥末、醋拌之。此杭菜也。加笋加芹俱可。用笋丝、秋油、酒炒之亦可。拌者用熟鸡，炒者用生鸡。

此道菜肴是杭州菜，色浓味美。白嫩的鸡丝和绿色的蔬菜可以形成视觉上的对比；鸡丝柔软，而笋、芹等蔬菜又很脆爽，在口感上也别有风味；且此道菜肴有荤有素，荤素搭配，科学营养。

鸡蛋

鸡蛋去壳放碗中，将竹箸打一千回①蒸之，绝嫩。凡蛋一煮而老，一千煮而反嫩。加茶叶煮者，以两炷香为度。蛋一百，用盐一两；五十，用盐五钱。加酱煨亦可。其他则或煎或炒俱可。斩碎黄雀蒸之，亦佳。

【注释】

①一千回：意思是打很多回。下文的"一千煮"，也是指煮的时间比较久。

什锦蒸蛋羹

【解读】

袁枚说，鸡蛋"一煮而老，一千煮而反嫩"，这是因为鸡蛋本身是很鲜嫩的，略煮后，内部水分溢出，蛋白紧缩，便显老了；而久煮后则口感更酥，酥也就是旧时所说的嫩。文中首先提到蒸蛋，后面还提到了加茶叶煮的鸡蛋，在今日依然是很受欢迎的小吃。

蒸鸭

生肥鸭去骨，内用糯米一酒杯，火腿丁、大头菜丁、香蕈、笋丁、秋油、酒、小磨麻油、葱花，俱灌鸭肚内，外用鸡汤放盘中，隔水蒸透。此真定魏太守家法也。

【解读】

袁枚在此节所介绍的蒸鸭方法，和今日上海菜中的"八宝鸭"非常相似。这道菜肴以上海城隍庙上海老饭店烹制的为最佳，被美食家誉为"席上一绝"，驰名中外。将生鸭去骨后，在肚腹内灌入糯米、火腿、大头菜、香菇、笋丁以及各种调味料，放在盘中隔水蒸透。蒸完后色泽红润，鸭形丰腴饱满，鸭肉酥烂，原汁突出，腴香浓溢，汁浓味鲜，满堂皆香。"拆骨八宝鸭"与普通烤鸭最大的区别就在于油而不腻，且辅料很丰富，有糯米、火腿、香菇、笋等等，很有营养。

鸭糊涂

用肥鸭，白煮八分熟，冷定去骨，拆成天然不方不圆之块，下原汤内煨，加盐三钱、酒半斤，捶碎山药，同下锅作纤，临煨烂时，再加姜末、香蕈、葱花。如要浓汤，加放粉纤。以芋代山药亦妙。

【解读】

鸭糊涂，是中国的传统名菜，据说此名称的来源和袁枚的至交郑板桥有关。这道菜肴的特点在于主料不方不圆，若明若暗，似羹非羹，似汤非汤，味道也不浓不淡，的确"糊涂"，此外还可以加上山药或者甘薯等切碎煨熟，呈现出糊状，所以得名。此菜全在调和滋味、均衡浓淡，使混杂之物的味道分明，而不是一味的真"糊涂"。

卤鸭

不用水，用酒，煮鸭去骨，加作料食之。高要①令②杨公家法也。

【注释】

①高要：在今天广东省。

②令：官名。秦汉时县的行政长官称为"令"，历代相沿。明清时改称"知县"。

【解读】

此道卤鸭的特点在于，煮鸭用酒而不用水，这和现在的啤酒鸭有很多相似之处。据说，此道菜肴的做法和康熙皇帝颇有关系。康熙皇帝下江南时，曾到临武县游玩，在一家以鸭肉闻名的食肆中饮酒，酒醉后无意中将米酒倒入煮好的一锅鸭肉之中，第二天醒来后对这道菜肴回味无穷。他回宫后，御厨经过多年实践，采用了从埃及进贡的啤酒和多种名贵中草药，制成啤酒鸭。后来啤酒鸭从皇宫传到了民间，成为了别具特色的美味佳肴。

啤酒鸭是现在常见的家常菜之一，是将鸭肉与啤酒一同炖煮成菜。这样，鸭肉不仅入口鲜香，还带有一股啤酒的清香味道，深受广大食客的喜爱。

> 鸭脯
>
> 用肥鸭，斩大方块，用酒半斤、秋油一杯、笋、香蕈、葱花闷之，收卤起锅。

【解读】

此道菜肴的烹饪技法实际上为"焖"，也就是焖鸭。焖，一般是指将加工处理后的原料，放入锅中加适量的汤水和调料盖紧锅盖烧开，改用中火进行较长时间的加热，待原料酥软入味后，留少量味汁成菜

《茨菰双鸭》齐白石（现代）

的烹饪技法的总称。用焖的方法可使菜肴酥烂、汁浓、味厚。此外，按预制加热方法分，可以将"焖"分为原焖，炸焖，爆焖，煎焖，生焖，熟焖，油焖等；按照调味种类分，又可分为红焖，黄焖，酱焖、原焖、油焖等。

从袁枚记录的方法来看，将鸭脯和酱油、香菇同焖，色泽黑红，应当属于红焖。即将加工好的原料经焯水或过油后，放入锅中加调味品，且主要以红色调味品为主（酱油，糖色，老抽，甜面酱等），用旺火烧沸后转中火焖，直至原料酥烂成菜。用这种方法制成的菜肴，色泽红润，酥烂软嫩，香味浓醇。

干蒸鸭

杭州商人何星举家干蒸鸭。将肥鸭一只，洗净斩八块，加甜酒、秋油，淹满鸭面，放磁罐中封好，置干锅中蒸之；用文炭火，不用水，临上时，其精肉皆烂如泥。以线香二枝为度。

【解读】

这是杭州商人何星举家中做鸭的方法，特色在于，这样制成的鸭肉酥烂如泥，别具风味。

徐鸭

顶大鲜鸭一只，用百花酒十二两、青盐一两二钱、滚水一汤碗，冲化去渣沫，再兑冷水七饭碗，鲜姜四厚片，约重一两，同入大瓦盖钵内，将皮纸①封固口，用大火笼烧透大炭吉②三元（约二文一个）；外用套包一个，将火笼罩定，不可令其走气。约早点时炖起，至晚方好。速则恐其不透，味便不佳矣。其炭吉烧透后，不宜更换瓦钵，亦不宜预先开看。鸭破开时，将清水洗后，用洁净无浆布③拭干入钵。

【注释】

①皮纸：用桑树皮、楮树皮等制成的一种坚韧的纸。一般用于制作雨伞。

②炭吉：一种燃料。

③无浆布：旧时的布常用米汤上浆或浆洗，显得挺括、好看。这里指没有上过浆的布。

【解读】

此道菜肴即是现在苏锡地区的名菜"母油全鸭"。一百多年前，烹制者采用整只鸭子，在陶罐中煨制，菜品原汁原汤、香味浓郁，肉质酥烂不碎，深受人们的欢迎。因其在调味上使用的是母油，即在三伏天晒制到秋天使用的优质酱油，味道绝佳。

后来的厨师在制作上又加以改良，将原带骨鸭改为出骨鸭，并在鸭肚里加上川冬菜、香葱、猪肉丝等配料。此菜鸭形完整，色棕黄有光，鸭皮肥嫩，鸭肉酥烂，汤浓味醇，馅心香鲜，还具有滋阴补虚，益肾固精的功效，因而近百年来已成为太湖菜中最著名的传统菜肴。

云林鹅

《倪云林①集》中，载制鹅法。整鹅一只，洗净后，用盐三钱擦其腹内，塞葱一帚②填实其中，外将蜜拌酒通身满涂之，锅中一大碗酒、一大碗水蒸之，用竹箸架之，不使鹅身近水。灶内用山茅二束，缓缓烧尽为度。俟锅盖冷后，揭开锅盖，将鹅翻身，仍将锅盖封好蒸之，再用茅柴一束，烧尽为度；柴俟其自尽，不可挑拨③。锅盖用绵纸④糊封，逼燥裂缝⑤，以水润之。起锅时，不但鹅烂如泥，汤亦鲜美。以此法制鸭，味美亦同。每茅柴一束，重一斤八两。擦盐时，串入葱、椒末子，以酒和匀。《云林集》中，载食品甚多；只此一法，试之颇效，余俱附会。

羽族单

131

【注释】

①倪云林：倪瓒（1301—1374），字元镇，号云林子，无锡（今属江苏）人，元末著名的画家、诗人，画坛"元四家"之一。他不仅善画，且在烹饪上也颇有心得，著有元代重要的饮食著作《云林堂饮食

制度集》。

②一帚：一小把。

③挑拨：这里指掀动锅盖。

④绵纸：以树木韧皮纤维制的纸，柔软而有韧性，纤维细长如绵，多用作鞭炮捻子。

⑤逼燥裂缝：在加热的过程中，糊封锅盖的绵纸受热而干燥，并裂开了缝子。

【解读】

此节介绍了元代画家倪瓒在《云林堂饮食制度集》中记载的烧鹅之法。云林鹅是无锡传统名菜，由于受到袁枚的极力推崇，并冠以"云林鹅"的雅称。此道菜肴声名远播，为世人所熟知。至今，无锡城乡沿用此法烧鹅已经延续了百年之久。其肉质肥嫩，酥烂脱骨，香气逼人，风味独特。

不过，这种烧鹅方法并不是倪瓒首创。相传在元至元二年（1336），苏州一位老禅师天如特邀倪瓒为菩提正宗寺（即狮子林）设计构图。倪瓒很快就画出一幅寺庙园林图，观者无不叹服。当地一家菜馆的老板为了表示对倪瓒的敬意，特请名厨为他烹制了一道蒸鹅。倪瓒尝后连声称妙，并把做法带回家去，列入日常食谱。

《松江邦彦像册·倪瓒像》徐璋（清）

水族有鳞单

鱼皆去鳞，惟鲥鱼不去。我道有鳞而鱼形始全。作《水族有鳞单》。

【解读】

袁枚认为有鳞片的鱼外形才是完整的，且烹饪技法也不大相同。所以他按照鱼有没有鳞片这一标准，分成了两类，分别成章。这一章主讲有鳞片的鱼类要如何烹制。

白鱼

白鱼肉最细。用糟鲥鱼同蒸之，最佳。或冬日微腌，加酒酿糟二日，亦佳。余在江中得网起活者，用酒蒸食，美不可言。糟之最佳；不可太久，久则肉木矣。

白鱼，是鱼中的上品，俗话说："三月桃花开江水，白鱼出水肥且鲜。"产于江中的白鱼异常肥美，脊背有油，清蒸、红烧，或熏或腌均可。白鱼出水后不宜久存，稍久即变质，肉质变软而离刺，口味就会显著下降。

袁枚在这一小节中指出可以用酒蒸鱼，这样可以有效去除鱼的腥味。除了这种烹饪方法外，还可以将白鱼用酱油、料酒浸泡，过油炸熟后进行熏制。如果用樟木或松塔来熏，更有一种清逸的风味。在冬天，还可以多买一些白鱼腌好，用糟料抹在鱼的两面，入坛封固，放置背阴处，吃的时候或炸或红烧都非常美味。

季鱼

季鱼少骨，炒片最佳。炒者以片薄为贵。用秋油细郁后，用纤粉、蛋清搂①之，入油锅炒，加作料炒之。油用素油。

【注释】

①搂：用手或工具把东西聚集到一起。这里是指把调了芡粉、蛋清的鱼片用手或筷子搅匀。

【解读】

季鱼，是鳜鱼的俗称，属于脂科鱼类。它与黄河鲤鱼、松江鲈鱼、兴凯湖大白鱼齐名，曾被誉为中国"四大淡水名鱼"。

烹饪好的季鱼肉质细嫩，刺少而肉多，其肉洁白细嫩、呈瓣状，味道极为鲜美，是淡水鱼中之佳品。唐朝诗人张志和在其《渔歌子》中写下的著名诗句"西塞山前白鹭飞，桃花流水鳜鱼肥"，赞美的就是它。

此节说鱼片需要用芡粉和蛋清调拌，是为了使炒出来的鱼片不碎。上浆的鱼片入油锅时还要注意油温，温度过高则鱼片会外焦里生，而温度过低则会造成脱浆。

土步鱼

杭州以土步鱼为上品。而金陵人贱之，目为虎头蛇，可发一笑。肉最松嫩。煎之、煮之、蒸之俱可。加腌芥作汤、作羹，尤鲜。

【解读】

土步鱼，学名为"沙鳢"，又名"杜父鱼"，江苏人直称之为"塘鳢鱼"，属塘鳢科。其头部宽扁，口宽大而牙细小。因为鱼身颜色似土，且冬日伏于水底，附土而行，故名土步鱼。

此鱼一到春天便至水草丛中觅食，多食虾肉，因而肉肥质嫩，且白如银，较之豆腐有其嫩而远胜其鲜，是江南水乡、湘湖地区远近闻名的佳肴。清代诗人陈璨曾有一首《西湖竹枝词》写道："清明土步鱼初美，重九团脐蟹正肥，莫怪白公抛不得，便论食品也忘归。"描

水族有鳞单

绘的就是唐代诗人白居易对土步鱼的喜爱之情。

除了袁枚在这一小节所说的可用腌制后的芥菜与土步鱼同煮外，杭州还有一道"春笋步鱼"，将山珍之鲜与湖珍之美结合，十分味美。不过，自 20 世纪 60 年代起，由于围湖造田和水域环境污染，破坏了土步鱼产卵的场所，土步鱼的产量已大为减少。

鱼圆

用白鱼、青鱼活者，剖半钉板上，用刀刮下肉，留刺在板上；将肉斩化，用豆粉、猪油拌，将手搅之；放微微盐水，不用清酱，加葱、姜汁作团，成后，放滚水中煮熟撩起，冷水养之，临吃入鸡汤、紫菜滚。

【解读】

鱼圆，是我国南方鱼米之乡人们所熟知的美味菜肴。逢年过节，几乎家家都要做鱼圆，招待客人既方便快捷，又不失体面。据说，鱼圆自古有之，其制作起源于楚文王时代。此外，明末才子冒辟疆的爱妾董小宛还首创了一种鱼圆——灌蟹鱼圆。这种鱼圆柔绵而有弹性，白嫩宛若凝脂，内孕蟹粉，色如琥珀，浮于清汤之中，有着"黄金白玉兜，玉珠浴清流"的美称。

制作鱼圆时，一般选用肉厚嫩、刺少和吃水多的鱼种，如白鱼、青鱼等。在菜肴形状方面，挤鱼圆时应注意鱼圆大小的一致，形状要近似橘瓣，也称为"橘瓣鱼圆"。在江苏泰州有些名家所做的鱼圆

洁白嫩滑的鱼圆

颇有特色，在汤中呈圆形，夹在筷子上呈长形，放在盘中呈扁形，十分有趣。由于没有加酱或酱油，鱼圆色白如玉、鲜嫩滑润，且营养丰富，食用方便。

> 鱼片
>
> 　　取青鱼、季鱼片，秋油郁之，加纤粉、蛋清，起油锅炮炒，用小盘盛起，加葱、椒、瓜姜，极多不过六两，太多则火气不透。

【解读】

　　要想将鱼片炒得鲜嫩，就要选择鲜鱼的鱼肉，并将切好的鱼片用适量的盐、蛋清、淀粉拌匀，放置一会儿。炒制前鱼片还要入油锅滑一下，当油温三四成熟时，放入鱼片，待其颜色泛白，能轻轻浮起时即捞出沥油。这样炒出的鱼片色泽洁白、质地鲜嫩而完整，其色香味俱佳，嫩中带脆，十分美味。

连鱼豆腐

用大连鱼①煎熟，加豆腐，喷酱、水、葱、酒滚之，俟汤色半红起锅，其头味尤美。此杭州菜也。用酱多少，须相鱼而行。

【注释】

①连鱼：即鲢鱼，鲤形目鲤科的淡水鱼，头较大，眼睛位置很低，鳞片细小。

【解读】

连鱼豆腐，就是现在的杭州名菜"鱼头豆腐"。据说此道菜肴与乾隆下江南有很大关系。著名的王润兴饭店的店堂中挂有一副对联，写道："肚饥饭碗小，鱼美酒肠宽；问客何处好，嫩豆腐烧鱼。"联中说到的"嫩豆腐烧鱼"就是鱼头豆腐。此汤油润鲜美，汤纯味厚，是杭州传统名菜中冬令时菜。

鱼头豆腐还具有很高的营养价值。作为主要食材的鲢鱼头，属于高蛋白、低脂肪、低胆固醇的食物，且鱼脑的营养丰富，富含人体所需的多不饱和脂肪酸，可以起到维持、提高、改善大脑机能的作用。因此，民间有"多吃鱼头能使人更加聪明"的说法。另外，鱼鳃下边的肉呈透明的胶状，里面富含胶原蛋白，能够抗老化及修复身体受损细胞组织；而且这种物质所含的水分很充足，所以口感很好。另一种主要食材是豆腐，它的蛋白质含量也很丰富，而且豆腐蛋白属完全蛋白，不仅含有人体必需的

鱼头豆腐（图片提供：微图）

8 种氨基酸，且比例也适合人体需要。豆腐和鱼头一起煮汤，不仅味美，而且很有营养。

醋搂鱼

用活青鱼切大块，油灼之，加酱、醋、酒喷之，汤多为妙。俟熟即速起锅。此物杭州西湖上五柳居最有名。而今则酱臭而鱼败矣。甚矣！宋嫂鱼羹①，徒存虚名。《梦粱录》②不足信也。鱼不可大，大则味不入；不可小，小则刺多。

【注释】

①宋嫂鱼羹：指宋嫂制作的鱼羹，主料为鳜鱼。原名为"赛蟹羹"，后称"宋嫂鱼羹"。

②《梦粱录》：南宋吴自牧撰，记录了南宋都城临安的风俗、艺文、物产、建筑等。

【解读】

醋搂鱼，实际上就是醋熘鱼。熘作为中国传统烹饪的技法之一，指先将原料用炸的方法（或用煮、蒸、划油等方法）加热至熟，然后调制芡汁浇于原料上，或将原料投入具有特殊味道的卤汁中滚煮成菜。熘的菜肴一般芡汁较宽。而醋熘，突出的是菜肴的酸醇之味，且醋除了能够去腥、软化鱼骨外，对人体健康也有一定的好处。此道菜肴鱼肉鲜美，色泽金红油亮，口感鲜嫩清脆，微酸可口。

袁枚在这一小节还提到了"宋嫂鱼羹"。所谓宋嫂鱼羹，又称"赛蟹羹"，是将主料鳜鱼蒸熟剔去皮骨，加上火腿丝、香菇竹笋末及鸡汤等佐料烹制而成。此道菜从南宋流传至今，因其形味均似烩蟹羹而得名。宋人吴自牧的《梦粱录》卷十三《铺席》记载，当年"杭城市肆各家有名者"就有"钱塘门外宋五嫂鱼羹"。宋人周密的《武林旧事》也记载有南宋临安宋五嫂所卖的鱼羹，受到宋高宗的赏识，声名大震，成为驰名临安城的名肴。

杭州名菜西湖醋鱼

银鱼

银鱼起水时，名冰鲜。加鸡汤、火腿汤煨之。或炒食甚嫩。干者泡软，用酱水炒亦妙。

【解读】

银鱼是淡水鱼，唐代大诗人杜甫曾有《白小》诗说："白小群分命，天然二寸鱼。细微沾水族，风俗当园蔬。入肆银花乱，倾箱雪片虚。生成犹拾卵，尽取义何如。"银鱼以太湖为代表，苏州东山有"五月枇杷黄，太湖银鱼肥"之说。五月枇杷黄熟之时，正是银鱼上市之季。

银鱼是极富钙质的鱼类，具有益脾润肺、滋阴补虚的功效。日本人尤其喜爱银鱼，称它为"鱼中人参"。银鱼整条可食，体软、肉嫩，且无刺。烹制之后的银鱼观之色泽赏心悦目，闻之令人口舌生津，食之使人齿颊留香。此外，银鱼的食用方法很多，煎炒熘炸、蒸煮烩炖皆可，但最具特色的莫过于炒食和做羹。

台鲞

台鲞好丑不一。出台州松门者为佳，肉软而鲜肥。生时拆之，便可当作小菜，不必煮食也；用鲜肉同煨，须肉烂时放鲞；否则鲞消化不见矣，冻之即为鲞冻。绍兴人法也。

【解读】

鲞，实际上就是鱼干、腌鱼。所谓台鲞，特指浙江台州出产的各类鱼干。相传 2500 多年前，吴王阖闾与夷兵打仗断粮，焚香祈天，海中出现了大量海鱼，于是三军饥劳顿解。吴军得胜回朝，阖闾回想海鱼的美味，问手下："东海所余之鱼何在？"回禀："余者曝干载归。"吴王再尝，方知干鱼之美犹胜鲜鱼。

鲞冻肉，是将鲞与肉同煨，冷却后而成的菜肴。这是绍兴的传统菜，也是民间除夕"分岁"时，人们的必备菜肴。

一般来说，鱼和肉不大适合放在一起烹饪，但鲞冻肉是个例外。它以一种看似简易的烹饪手法，在同一菜肴中完美组合了鱼和肉的味道，其特色是鱼味中深藏肉味，肉味中渗入鱼味，可谓浑然一体，相得益彰。做这道菜最关键之处在于，在肉几成熟的时候向里面加鱼鲞。如果放迟了，肉已煨透，鱼鲞依旧咬劲十足；放早了，往往是"鱼鲞不知何处去，唯留肉块立碗中"，所以把握这个时间点是很重要的。

鲞冻肉与未冷却的其他鲞肉相比，最大的特色是借寒气让一碗本来完全可命名为"鱼鲞烧肉"的菜凝结打冻，成为一道鱼鲞、冻、肉三位一体的特色菜。同时，因鲞冻肉是用文火细煮而成的，鲞、肉配伍，所以菜品红亮晶莹，咸鲜合一，鲜香酥糯，油而不腻，别有风味。

虾子勒鲞

夏日选白净带子勒①鲞，放水中一日，泡去盐味，太阳晒干，入锅油煎，一面黄取起，以一面未黄者铺上虾子，放盘中，加白糖蒸之，以一炷香为度。三伏日食之绝妙。

【注释】

①勒：即鳓鱼，北方称为"脍鱼"，南方称为"曹白鱼"。

【解读】

　　勒，就是鳓鱼，可以鲜食，也可以制成曹白鱼鲞和酒糟鲞等。袁枚在这一小节所说的菜肴即是用这种鱼的鱼干和虾子一起烹饪。从选料、漂洗、曝晒、配卤、浸制鲞鱼，到滚满虾子，有着较为繁复的工序。加上白糖蒸，一方面可以把鱼干浓香与虾子鲜味提起调和，另一方面也可以降低鱼干的咸味，使菜肴更加美味可口。所以虾子勒鲞有着香鲜、咸甜、脆酥等多层次的滋味。

　　苏州人喜欢就着稠稠的粥配虾子鲞鱼，或者盛上一碗软硬适中的新米饭，将一块虾子鲞鱼放上去，晶莹剔透的米粒上马上落下一片橙红的虾子，散发着若有若无的甜鲜气味。

水族无鳞单

家常煎鱼

家常煎鱼，须要耐性。将鲩鱼①洗净，切块盐腌，压扁，入油中两面煤黄，多加酒、秋油，文火慢慢滚之，然后收汤作卤，使作料之味全入鱼中。第此法指鱼之不活者而言。如活者，又以速起锅为妙。

【注释】

①鲩鱼：同鲩鱼，即指草鱼，是中国特产的淡水鱼类之一。

【解读】

煎鱼，就是用温火先将锅底烧热，再将腌浸过的鱼加工成扁状，两面煎成金黄色，加调味品慢慢收汁做成的菜肴。煎鱼看似平常，但有几个秘诀，可以让鱼不粘锅子：一鱼鲜，二锅热，三油少，四火温，五少翻搅。煎之前最好拿盐腌制一下，把鱼或鱼块沾一层薄面，或在蛋液中滚一下，放入热油中煎。或在热油锅中放入少许白糖，待白糖呈微黄时，将鱼放入锅中，不仅不粘锅，且色美味香。此外，如能在鱼体上涂些食醋，也可防止粘锅。

鱼，当然是越新鲜越好，不过活鱼多拿来煮汤和清蒸，以保留鱼的鲜美之味。如果鱼不是很新鲜，则可用这种方法来做煎鱼，因为其烹饪的时间较长，多加作料，能够盖住一些鱼腥味。

水族无鳞单

> 鱼无鳞者，其腥加倍，须加意烹饪；以姜、桂
> 胜之。作《水族无鳞单》。

【解读】

　　鱼之所以腥，是因为鱼体内含有氯化三甲胺这种成分，在其死后容易氧化为三甲胺，形成腥味。袁枚认为没有鳞片的鱼的腥味比有鳞片的鱼更重，需要用姜、桂等重料去腥，用特别的方法进行烹饪。生姜作为重要的调料品，因其味清辣，只将食物的异味挥散，不会将食品混成辣味，故宜作荤腥菜的矫味品；同样，桂皮因含有挥发油而香气馥郁，可使菜肴祛腥解腻。相对于有鳞片的鱼，袁枚在这一章写了《水族无鳞单》。

> 红煨鳗
>
> 　　鳗鱼用酒、水煨烂，加甜酱代秋油，入锅收汤煨干，加茴香、大料起锅。有三病宜戒者：一皮有

皱纹，皮便不酥；一肉散碗中，箸夹不起；一早下盐豉，入口不化。扬州朱分司家，制之最精。大抵红煨者以干为贵，使卤味收入鳗肉中。

【解读】

　　鳗鱼是鳗鲡目鱼类的总称，外观类似长条蛇形，无鳞，一般产于咸淡水交界的水域。鳗鱼肉细腻肥美，适宜煎炸、红烧、炒、蒸、炖，无所不可。此节介绍的红煨鳗步骤十分讲究。首先，在烹制鳗鱼的时候要用文火，如果使用武火鳗鱼皮就容易皱，导致皮肉都不酥烂。不过现在烹制红煨鳗时，可以将鱼切段，加入葱、姜、酒等蒸制，然后另起油锅，加入作料、原汤，略烧片刻，收干汤汁后就可起锅，这样鳗鱼的皮肉都非常酥烂和入味。其次，红煨鳗的烹制时间不能太长，否则鳗鱼肉就会被煮成肉糊，不仅外观不好看，也难以用筷

红煨鳗鱼（图片提供：微图）

子夹食。最后，放调料的时间很重要，盐放早了，鳗鱼中的脂肪和蛋白质就会因为盐的渗透作用而溢出来，这样烹制出来的鱼肉很僵硬。此外，袁枚还认为红煨菜加水要适量，这样卤汁才能在逐渐收干的过程中吸收到肉中，浓汁紧裹菜品，味道就更鲜美了。

炸鳗

择鳗鱼大者，去首尾，寸断之。先用麻油炸熟，取起；另将鲜蒿菜嫩尖入锅中，仍用原油炒透，即以鳗鱼平铺菜上，加作料，煨一炷香。蒿菜分量，较鱼减半。

【解读】

由于鳗鱼较腥，除了放入姜、葱、酒等去腥调料外，还可以加上一些素菜，同样能起到一定的去腥作用。袁枚在这一小节所说的鲜蒿菜，就是茼蒿菜，又名"蓬蒿菜"，属菊科植物，具有清血养心、润肺消痰的作用。茼蒿菜味道清新，除了能够起到调味的作用外，也能弥补鳗鱼缺少维生素C的缺陷，在饮食营养的平衡上有一定的作用。

> 带骨甲鱼
>
> 　要一个半斤重者，斩四块，加脂油三两，起油锅煎两面黄，加水、秋油、酒煨；先武火，后文火，至八分熟加蒜，起锅用葱、姜、糖。甲鱼宜小不宜大。俗号"童子脚鱼"①才嫩。

【注释】

①脚鱼：即甲鱼。南方常称甲鱼为"脚鱼"。

【解读】

袁枚在这一小节提供了甲鱼的另一种烹饪方法。相较于生炒和酱炒的方法，这种煨煮甲鱼不需要去除甲鱼的骨头。他特别提出，不能选用个头

甲鱼（图片提供：微图）

太大的甲鱼，因为较小的甲鱼肉质会更加鲜嫩。确实如此，比如，市秤四两以上、不超过半斤，在长沙被称为"马蹄鱼"的甲鱼最鲜嫩，并且富含胶质。长沙人也常说"马蹄脚鱼四两鸡"，可见，选用小甲鱼也有是一定的道理的。

青盐甲鱼

斩四块，起油锅炮透。每甲鱼一斤，用酒四两、大茴香三钱、盐一钱半，煨至半好，下脂油二两，切小豆块再煨，加蒜头、笋尖，起时用葱、椒，或用秋油，则不用盐。此苏州唐静涵家法。甲鱼大则老，小则腥，须买其中样者。

【解读】

袁枚在这一小节又指出，甲鱼大了肉质就老，小了则腥气重，要买中等大小的为好，似乎和上节甲鱼宜小不宜大有所出入。不过，选料的时候只要恰如其分，大小也没有完全的定论。这一节的青盐甲鱼和上一节的带骨甲鱼，实际上制作方法是大同小异的，都是先煎炸后煨煮，所以可以将带骨甲鱼看作红煨甲鱼、青盐甲鱼看作白煨甲鱼，没有多大区别。甲鱼也较腥，所以要加入繁多的调味品，以去腥提鲜。

全壳甲鱼

山东杨参将家，制甲鱼去首尾，取肉及裙，加作料煨好，仍以原壳覆之。每宴客，一客之前以小盘献一甲鱼。见者悚然，犹虑其动。惜未传其法。

【解读】

中国传统的烹调饮食，讲究色香味形意俱全，所以在追求味美的同时，也不忘记菜肴的造型艺术。依据食材的不同特性，通过各种刀工技巧和摆盘方式，厨师们总能独具匠心地构造出美味佳肴的造型，使菜肴更有意趣。

全壳甲鱼正是如此。杨参将家的厨师是利用了甲鱼的特殊结构，使烹制成熟的甲鱼还能保持生时的外形特征，除了味道鲜美外，还增添了形态如生、令人称奇的意趣，让食者在享受美味佳肴的同时，也深受这种造型艺术的感染。

段鳝

切鳝以寸为段，照煨鳗法煨之，或先用油炙，使坚，再以冬瓜、鲜笋、香蕈作配，微用酱水，重用姜汁。

【解读】

段鳝，就是现在浙江宁波菜中的"鳝大烤"。在处理鳝鱼的时候，将其切成一寸长的段子。烹煮鳝段时，先用油炸一下，让其肉质变硬。这样还可以让鳝鱼更加脆嫩味美，且能够有效地去除鳝鱼的腥气。

蟹羹

剥蟹为羹，即用原汤煨之，不加鸡汁，独用为妙。见俗厨从中加鸭舌，或鱼翅，或海参者，徒夺其味，而惹其腥恶，劣极矣！

【解读】

烹制蟹羹，可以选用鲜肥的梭子蟹，剥壳后放入沸汤中搅动，让蟹肉脱落，再入蛋花、肉丁、葱花、香醋、芡薯粉为羹。其色晶莹透亮，五彩纷呈，十分可口。由于螃蟹本身已经极鲜美了，加入其他食材反而使其鲜味降低、腥味加重，所以螃蟹还是适宜单独烹制。但可以加入豆腐等清淡的素食，起到平衡调节的作用。

海天談笑一飛觴
最鮮時鞠正芳
可惜襄菊無
青柵世諎心
千秋派頁雨玉帖
一續
昌彊

《菊蟹图》 吴昌硕（近代）

剥壳蒸蟹

将蟹剥壳，取肉、取黄，仍置壳中，放五六只在生鸡蛋上蒸之。上桌时完然一蟹，惟去爪脚。比炒蟹粉觉有新色。杨兰坡明府，以南瓜肉拌蟹，颇奇。

【解读】

此道菜肴颇具特色，实际上就是现在扬州菜和其他菜系中的各式"蟹斗"的烹饪方法。这道菜剥壳取肉，免除了食者手剥的麻烦，且仍然利用了蟹壳的原形，借鸡蛋的洁白滑嫩和蟹肉蟹粉的金黄粉糯达到色、香、味、形俱全的效果。食之使人倍感蟹味之浓郁，且蟹肉和鸡蛋合二为一，口感鲜嫩软滑，成为几可乱真的蟹斗花色菜。

车螯

先将五花肉切片，用作料闷烂。将车螯洗净，麻油炒，仍将肉片连卤烹之。秋油要重些，方得有味。加豆腐亦可。车螯从扬州来，虑坏则取壳中肉，置猪油中，可以远行。有晒为干者，亦佳。入鸡汤烹之，

味在蛏干之上。捶烂车螯作饼，如虾饼样，煎吃加
作料亦佳。

【解读】

车螯，帘蛤科文蛤的一种软体动物，壳为紫色，有斑点，肉可
食，又称"昌娥"、"蜃"。古时没有冰箱等保鲜器具，所以采取了
放在猪油里的保存办法。在猪油没有凝结之前，可以加一点白糖或者
食盐，这样更加不易变质。这是因为猪油的密闭性较好，能够隔绝空
气，减少车螯的氧化，以延长保质期。

程泽弓蛏干

程泽弓商人家制蛏干，用冷水泡一日，滚水煮
两日，撤汤五次。一寸之干，发开有二寸，如鲜蛏
一般，才入鸡汤煨之。扬州人学之，俱不能及。

【解读】

蛏子，学名缢蛏，是双壳纲帘蛤目的海洋贝类动物，是中国人餐
桌上常见的海鲜食材。蛏子的贝壳脆而薄，呈窄长方形，肉味鲜美，
营养丰富，别有特色。袁枚在这一小节中记录了蛏干的烹饪方法。不
过加工好的蛏干很容易受潮，须置于阴凉干燥处，仔细保管。

鲜蛏

烹蛏法与车螯同。单炒亦可。何春巢家蛏汤豆
腐之妙，竟成绝品。

【解读】

蛏子肉味鲜美，鲜食、干制均可，文中提到鲜蛏子和豆腐一同
烹饪，十分味美。豆腐最好事先用盐水泡一会儿，去掉豆腥味；蛏
子也要用小刷子刷去壳上的泥沙。烹饪时，将豆腐掰成小块，较易
入味，然后放蒜瓣、姜丝等。由于蛏子味道鲜美，所以也不用多加
调味品。

葱油蛏子（图片提供：微图）

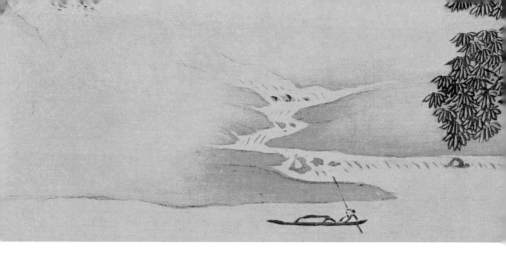

杂素菜单

菜有荤素，犹衣有表里也。富贵之人，嗜素甚于嗜荤。作《素菜单》。

【解读】

　　素菜，通常是指用植物油、蔬菜、豆制品、面筋、竹笋、菌类、藻类和干鲜果品等植物性原料烹制的菜肴。在中国，按照食用对象，素菜可以分为寺院菜、宫廷素菜和民间素菜三大派系。中国的素菜源远流长，产生于春秋战国时期，主要用于祭祀和重大的典礼。魏晋南

各类蔬菜

北朝时，随着佛教的传入，"吃素"的理论逐渐形成，对素菜的发展起到了极大的推动作用。从此，素菜便成为丰富多彩的中国菜肴和饮食文化的一个重要组成部分。

素菜的主要特征是以时鲜为主，清爽素净，花色繁多，制作考究，且富含营养，可以健身疗疾，有利于人体健康。从营养学角度看，蔬菜和豆制品、菌类等素食含有丰富的维生素、蛋白质、水以及少量的脂肪和糖。这种清淡而富于营养的素食，对于中老年人来说更为适宜。特别是蔬菜往往含有大量的纤维素，还可及时清除肠中的垢腻，在荤素搭配和调节饮食平衡方面具有很大的作用。袁枚在《杂素菜单》里列举了47种素食菜，其中有各种流派素菜和各官家宅门私家菜，也有单纯的蔬菜，同时介绍了产地和制法。本书选取其中具有代表性的一部分进行解读。

王太守八宝豆腐

用嫩片切粉碎，加香蕈屑、蘑菇屑、松子仁屑、瓜子仁屑、鸡屑、火腿屑，同入浓鸡汁中，炒滚起锅。用腐脑亦可。用瓢不用箸。孟亭太守云："此圣祖①赐徐健庵尚书方也。尚书取方时，御膳房费一千两。"太守之祖楼村先生，为尚书门生，故得之。

【注释】

①圣祖：即康熙皇帝。

【解读】

八宝豆腐，是将七八种鲜美的食材和豆腐一同烹制而成的美味佳肴。

八宝豆腐是清朝康熙年代的宫廷名菜。康熙帝认为此菜有两大特点：一是取用豆腐、香菇、松仁等长寿之物为原料，可使人延年益寿；二是豆腐烹制得法，鲜美细嫩，胜于燕窝。康熙将它作为自己最心爱的御膳和宫廷宝菜，把它的用料及烹调方法写成御方，多次用作比金银财宝还要贵重的礼物，赐予一些宠臣。此道菜肴，豆腐洁白细嫩，八宝配料飘香，润滑如脂，滋味十分鲜美。

袁枚对豆腐情有独钟，在《随园食单》中多处提起。《随园诗话》还记载了这样一个故事：观察官蒋戟门道台设宴请袁枚饮酒，席间摆满了山珍海味。忽然，蒋戟门问袁枚可曾吃过他亲自做的豆腐，并立即穿上厨师专用的犊鼻裙亲自下厨。过了一会儿，豆腐端上来，大家一尝，美味绝伦。袁枚求教制法，蒋戟门说："古人不为五斗米折腰，你能为豆腐三折腰，我便告诉你。"结果袁枚真的离席三揖倒地，终于学得豆腐制法，回家后教给家厨。袁枚还留下了"豆腐得味远胜燕窝，海菜不佳不如蔬笋"的诗句。

除了这一节袁枚给出的做法外，八宝豆腐还有另外一种做法。

王太守八宝豆腐（图片提供：微图）

可将豆腐切成大块，放入热油中炸至浅黄色；捞出沥油，中间切开，挖空，填入剁碎的八宝料，糊上缝隙后再入油锅炸至金黄色；最后同样淋下八宝汤汁。杭州的名厨根据药书记载，对八宝豆腐进行研究仿制，发展成现在富有特色的杭州名菜。

蕨菜

用蕨菜，不可爱惜，须尽去其枝叶，单取直根，洗净煨烂，再用鸡肉汤煨。必买矮弱者才肥。

【解读】

蕨菜，因其蜷曲的形态，又叫"拳头菜"、"猫爪"、"龙头菜"等。蕨菜食用前用沸水烫，再浸入凉水中除去异味，便可食用。经处理的蕨菜口感清香滑润，再拌以佐料，清凉爽口。它也可以炒着吃，是难得的下酒菜。蕨菜烹制后色泽红润，质地软嫩，清香味浓。蕨菜虽可鲜食，但较难以保鲜，所以市场上常见其腌制品或干品，可加工成干菜，做馅，腌渍成罐头等。

葛仙米

将米细检淘净，煮米烂，用鸡汤、火腿汤煨。

临上时，要只见米，不见鸡肉、火腿搀和才佳。此物陶方伯家，制之最精。

【解读】

葛仙米，为水生藻类植物，是蓝绿藻的一种，又称"地耳"、"天仙米"、"田木耳"等，是名副其实的纯天然绿色食品。相传东晋时期，葛洪将此献给皇上，使体弱的太子病除体壮，因而得皇上赐名"葛仙米"，其名沿称至今。

葛仙米干鲜易烹，糖盐可调，蒸、炒、汤煨不拘，其味鲜美，《本草纲目》赞葛仙米为"肥绝佳食"。如以鸡汤煨煮，则更加滑脆鲜美，味佳甘香，为山蔬第一；若以猪肉烹炒，则鲜透齿颊，满口生香。与天津狗不理包子、上海生煎包和扬州蟹黄包齐名的陕西地软包子，其馅料就是以地耳为主料，配以豆腐、大葱，加香油、姜末、花椒及盐、味精做成的，可见其味美。此外，葛仙米也曾作为御膳。宣统皇帝的菜单上，就有一道菜叫"鸭丁熘葛仙米"，真可谓山蔬野菜赛珍馐。

素烧鹅

煮烂山药，切寸为段，腐皮包，入油煎之，加秋油、酒、糖、瓜姜，以色红为度。

【解读】

薯蓣〔yù〕，通称"山药"，在河北
等地，又被称为"麻山药"。山药切
片后需立即浸泡在盐水中，以防
止氧化发黑。此外，加工山药
的时候，新鲜山药切开时会有
黏液，极易滑刀伤手，可以先用
清水加少许醋洗，这样可减少黏液
而不影响味道。袁枚在这一小节介绍

淮山药

的制作方法，是将山药用豆腐皮包裹，炸成米黄色，形似红烧鹅，故
名。其实，也可用煮熟的糯米包山药，煎炸的方法与素烧鹅类似。

茭白

茭白炒肉、炒鸡俱可。切整段，酱、醋炙之，尤佳。
煨肉亦佳。须切片，以寸为度，初出太细者无味。

【解读】

茭白是我国特有的水生蔬菜，古人称茭白为"菰"。在唐代以
前，茭白被当作粮食作物栽培。它的种子叫"菰米"或"雕胡"，是
"六谷"（稌、黍、稷、粱、麦、菰）之一。

茭白本身是清鲜之物，所以可与各种原料配伍加工，生食、拌
菜，或酱制、腌制均可，也可制作罐头，且各种制法都很有特色。比

如，做凉菜食用，清新淡雅，很有水乡滋味。若做熟食，加高汤煨制，则清爽利口；旺火烹炒就更脆嫩鲜美了；倘若与肉、鸡、鸭等相配，菜肴的味道更是各异，而且营养丰富。总之，无论蒸、炒、炖、煮、煨都是鲜嫩清香、柔滑适口。明代有一首《咏茭》的诗："翠叶森森剑有棱，柔条松甚比轻冰。江湖若借秋风便，好与鲈莼伴季鹰。"说的就是江南三大名菜：茭白、莼菜和鲈鱼。不过，茭白含草酸太多，所以制作前要做初步的热处理，即过水焯一下，或开水烫过再进行烹调。

蘑菇

　　蘑菇不止作汤，炒食亦佳。但口蘑①最易藏沙，更易受霉，须藏之得法，制之得宜。鸡腿蘑②便易收拾，亦复讨好。

【注释】

①口蘑：一种白色伞菌，是野生蘑菇，生长在蒙古草原上。以前都是通过河北省的张家口输往内地，因而得名"口蘑"。

②鸡腿蘑：伞菌目鬼伞科的蘑菇，因状似火鸡腿而得名，肉质细嫩，鲜美可口。

【解读】

　　蘑菇肉厚且脆嫩，香味浓郁，鲜美可口。尤其特别的是，蘑菇有着除了酸、甜、苦、辣、咸以外的第六种味道——鲜，是很好的鲜味配菜。袁枚在这一小节中提到的鸡腿蘑，除了鲜美外，味道还很特别，因其形如鸡腿、肉质肉味似鸡丝而得名。它菇体洁白美观、肉质细腻，炒食、炖食、煲汤均久煮不烂、口感滑嫩、清香味美，色香味皆不亚于草菇。

在这一节袁枚也提到，口蘑中容易藏沙，所以烹饪时，可以将蘑菇放在 60℃左右的盐水里浸泡 1 小时，然后用手顺着一个方向搅动，这样，蘑菇表面黏附及里面藏着的泥沙就很容易洗去了。

面筋二法

一法面筋入油锅炙枯，再用鸡汤、蘑菇清煨。一法不炙，用水泡，切条入浓鸡汁炒之，加冬笋、天花①。章淮树观察家，制之最精。上盘时宜毛撕，不宜光切。加虾米泡汁，甜酱炒之，甚佳。

【注释】

①天花：即天花菜，山西五台山地区出产的食用蘑菇，又称"台蘑"。其肉质细嫩，色泽乳白，菌体肥大，香味浓，做出菜来色泽素洁清新，味道鲜美甘甜，口感嫩脆爽滑。

【解读】

面筋是小麦粉中所特有的一种胶体混合蛋白质，由麦胶蛋白质和麦谷蛋白质组成。将面粉加水和食盐揉成面团，再用清水反

复搓洗，将面团中的活粉和
杂质洗掉后剩下的即是面
筋。据史料记载，面筋始
创于我国南北朝时期，
是素斋园中的奇葩。尤
其是以面筋为主料的素仿
荤菜肴，堪称中华美食一绝，历
来深受人们的喜爱。

油面筋

　　面筋的制作方法很多，其中"油面筋"是江苏无锡的土特产，
源于清乾隆时代（18世纪中叶），至今已有二百三十多年历史。
其色泽金黄，味香性脆，鲜美可口。在无锡民间还有个习俗，每逢
节日合家团聚，人们的餐桌上都少不了一碗肉酿油面筋，寓意团团
圆圆。除油面筋外，面筋经过拌、淹、蒸、煮、烤等工艺处理，最
后撒上调料，就是香气扑鼻的"烤面筋"。烤面筋色泽金黄红亮，
口感油滑松软，品尝后口齿留香，回味悠长。袁枚在这一小节提
到，面筋适宜毛撕。这是因为经过油氽后，面筋的外皮就变得硬脆
了，毛撕可以让其裂口扩大，更易吸收卤汁，容易入味。

茄二法

　　吴小谷广文家，将整茄子削皮，滚水泡去苦汁，
猪油炙之。炙时须待泡水干后，用甜酱水干煨，甚
佳。卢八太爷家，切茄作小块，不去皮，入油灼微黄，

加秋油炮炒，亦佳。是二法者，俱学之而未尽其妙，惟蒸烂划开，用麻油、米醋拌，则夏间亦颇可食。或煨干作脯，置盘中。

【解读】

茄子，在江浙地带又称为"落苏"，广东人则称为"矮瓜"。茄子的吃法荤素皆宜，既可炒、烧、蒸、煮，也可油炸、凉拌、做汤，各种做法均能烹调出美味可口的菜肴。但是茄子遇热容易氧化，影响其色相，所以可以在烹饪时放入油锅中微炸。这样也可以使多余的水分溢出，在炖煮时更容易入味。文中介绍了茄子的两种做法，前一种是将茄子油灼后加甜酱或酱油煨炒。后一种是将茄子整个蒸熟，划开，用香油、米醋凉拌，是适于夏天的爽口凉菜。

新鲜的茄子

煨三笋

将天目笋①、冬笋、问政笋②，煨入鸡汤，号"三笋羹"。

【注释】

①天目笋：杭州天目山所产的笋干，是选取嫩笋尖腌制而成，俗称"扁尖"。

②问政笋：即今天安徽歙县问政山所产的春笋。当地原先属杭州管辖，故也叫"杭州笋"。

【解读】

天目笋干是由鲜嫩竹笋精制而成的，以"清鲜盖世"、"甲于果蔬"著称。自宋以来，至明正德、嘉靖间，天目山产的笋干已为人们所称道。清康熙后，西天目禅源寺的香客游人争相购买，声誉鹊起。此笋制成的笋干，清香味美，且含有蛋白质、脂肪、糖、钙、磷、铁等多种成分，可以助食开胃。冬笋则是立秋前后由毛竹（楠竹）的地下茎（竹鞭）侧芽发育而成的笋芽，因尚未出土，笋质幼嫩，每年一二月，正是吃冬笋的好时节。冬笋还含有蛋白质和多种氨基酸、维生素、微量元素以及丰富的纤维素，能促进肠道蠕动，因而素有"金衣白玉，蔬中一绝"的美誉。由于它含有天冬酰胺，所以配各种肉类烹饪，会更鲜美。而问政笋则是春笋，其笋壳黄中泛红，肉白而质地脆嫩，味道微甜。

此道菜肴其实是将咸笋（天目笋干）、淡笋干（问政笋干）和新鲜冬笋一起炖煮，取三者不同层次的鲜味。

小菜单

小菜佐食，如府史胥徒佐六官也①。醒脾解浊，全在于斯。作《小菜单》。

【注释】

①府史胥徒佐六官：府，古代管理财货或文书的官员；史，掌管法典和记事之官；胥徒，旧时官府中供役使的人；六官，即六卿之官，指地位级别较高的官。

【解读】

袁枚认为，在各色菜肴中，小菜也具有特殊的作用。它可以用来佐食配料，并有着醒脾胃、去污浊的效果，能够更好地体现主要菜肴的美味和充当菜肴与菜肴之间的过渡。所以，在这一章，袁枚主要记录了一些小菜的做法。

笋脯

笋脯出处最多，以家园所烘为第一。取鲜笋加盐煮熟，上篮烘之。须昼夜环看，稍火不旺则溲矣。用清酱者，色微黑。春笋、冬笋皆可为之。

【解读】

笋脯，即以笋为原料做成的一种腌制小菜，经去壳切根修整、高温蒸煮、清水浸漂、压榨成型处理、烘干等多道工序精制而成。

制好的笋干色泽黄亮、肉质肥嫩。除了袁枚在这一节所说的"家园所烘为第一"外，"闽笋干"也是久负盛名。它色泽金黄，呈半透明状，片宽节短，肉厚脆嫩，香气郁郁，称为"玉兰片"，是"八闽山珍"之一。

> 笋油
>
> 笋十斤，蒸一日一夜，穿通其节，铺板上，如作豆腐法，上加一板压而榨之，使汁水流出，加炒盐一两，便是笋油。其笋晒干仍可作脯。天台僧制以送人。

【解读】

笋油，一般是指做过咸笋干的原汁，其味如酱油，颜色也发黑，故名。袁枚在这一小节所说的笋油，实际上指的是笋汁。笋的含水量极高，如毛竹春笋含水量就高达90％，可以榨出大量汁水以供食用。

清代戏剧家李渔认为笋"能居肉食之上"，其至美之处就在于"鲜"。有经验的厨师，往往可以向菜肴中兑入笋油，就相当于味精了。袁枚在这一节所说的正是这种奇妙的笋汤（或称"笋油"）的提炼方法。

糟油

糟油出太仓州，愈陈愈佳。

【解读】

太仓糟油始创于清乾嘉年间。商人李梧江偶发奇想，在米酒中加入辛香料及佐料封缸一年，成为糟油。太仓糟油，于1816年正式酿制发售，渐成为官礼。因为慈禧太后爱吃，糟油还被称为"味绝"。

在鱼汤及某些蔬菜的烹调中加入糟油，能提鲜、解腥、开胃、增进食欲，使菜肴更可口，很符合江南一带的饮食口味。糟油的营养也较为丰富，含有人体所必需的多种氨基酸。

虾油

买虾子数斤，同秋油入锅熬之，起锅用布沥出秋油，乃将布包虾子，同放罐中盛油。

【解读】

虾油，并非用虾榨出来的油，而是在生产虾制品时浸出来的卤汁，经发酵后制成，是一种很好的调味品。它是以新鲜虾为原料，经腌渍、发酵、熬炼，得到的一种味道极为鲜美的汁液，具有咸鲜合一、增味的特点。

虾油是一种有特殊香气、滋味鲜美的调味品。炒、扒、烧、烩、炸、熘菜肴时，加入虾油，可调味增鲜，使菜肴的风味别致，鲜醇爽口。

腌冬菜、黄芽菜

腌冬菜、黄芽菜，淡则味鲜，咸则味恶。然欲久放，则非盐不可。尝腌一大坛，三伏时开之，上半截虽臭、烂，而下次半截香美异常，色白如玉，甚矣！相士之不可但观皮毛也。

【解读】

俗话说"小雪节气白菜入缸"。袁枚在这一小节提到的冬菜，就是我们常说的大白菜。河北、河南、山西、陕西、甘肃、宁夏等地都有腌制酸菜的传统。过去东北百姓家里有两样东西不可缺少，

黄芽菜

一是酸菜缸，二是腌酸菜用的大石头。贫苦人家如此，豪门富户也如此。在这一小节中，袁枚介绍了腌制冬菜和黄芽菜的方法和需要注意的地方，并指出腌制时要注意用盐的多少，清淡为佳。

酸菜发酵过程中产生有机酸、醇、氨基酸等，使酸菜有了独特的鲜酸风味。

香干菜

春芥心风干，取梗淡腌，晒干，加酒、加糖、加秋油，拌后再加蒸之，风干入瓶。

【解读】

袁枚在这一小节说的香干菜，其实也是腌制菜的一种。它是用春天的芥菜心为主料，风干，腌制，晒干，加作料蒸熟，再风干，最后装入瓶中储存。

芥菜的三个部分都可食用。其叶可做雪里蕻，其茎可做榨菜，其根可做大头菜。芥菜既可用于腌制，也可新鲜食用，是十分经济实惠的常见菜肴。不过，由于芥菜常被制成腌制品，含有大量盐分，故高血压、血管硬化的病人应少吃，以控制盐的摄入。

风瘪菜

将冬菜取心风干，腌后榨出卤，小瓶装之，泥封其口，倒放灰上。夏食之，其色黄，其臭香。

【解读】

风瘪菜的主料是冬菜心，将它风干腌制后，榨出卤汁，然后装入瓶中封存好。封存后，要将瓶子倒放在木灰里，大约要经六七个月的时间。需要注意的是，封存的木灰最好是从灶台里直接取出的。因为这样的木灰特别能吸收水分，所以制作出来风瘪菜质量才更为上乘。这种小菜适合夏天食用，口感清爽，气味清香。

糟菜

取腌过风瘪菜，以菜叶包之，每一小包，铺一面香糟，重叠放坛内。取食时，开包食之，糟不沾菜，而菜得糟味。

【解读】

糟菜是用糟卤浸泡卤制的菜。香糟具有香气馥郁、除腥气、提鲜味、增食欲的特点，所以在做糟菜时，随着香糟的加入，菜肴就会香气扑鼻，引人垂涎。制作好的糟菜口味清淡，且有一种酒香味，风味十分独特。

比较有名的是源自福建闽清的闽清糟菜。它酸甜可口，味道鲜美，清香扑鼻，开胃开脾，特别适合作为早餐的佐菜，同时也是炖排骨、肉骨汤、鱼汤的上等佐料。

酱炒三果

核桃、杏仁去皮，榛子不必去皮。先用油炮脆，再下酱，不可太焦。酱之多少，亦须相物而行。

【解读】

袁枚在这一小节介绍的这道小菜，主料为三种坚果：榛子、核桃、杏仁。这三种坚果都有着坚硬的外果皮，含有油质的可食种子，有较丰富的营养价值。

榛子

榛子又叫"平榛"、"榷子"、"山板栗"，果仁肥白而圆，有香气，含油脂量很大，吃起来特别香美。核桃则既可生食、炒食，也可以榨油、配制糕点、糖果等，不仅味美，而且营养价值很高，被誉为"万岁子"、"长寿果"。杏仁有甜杏仁和苦杏仁两种。甜杏仁具有丰富的营养，其维生素 E 的含量居于各类坚果之首，能够帮助肌肤抵御氧化侵害，延缓皱纹产生，预防并改善皮肤色素沉积。杏仁富含的不饱和脂肪酸可以保护心脏，而且不含胆固醇，是健康食品。将三者酱炒，作一碟小菜，营养价值非常之高。

核桃仁

杏仁

小松菌

将清酱同松菌入锅滚熟，收起，加麻油入罐中。可食二日，久则味变。

【解读】

袁枚在这一小节介绍了小菜松茸的做法。将清酱与其同煮，收汁起锅后加入麻油保存即可。不过这道小菜放置的时间不可过长，两天过后食物就会变味了。

吐蚨

吐蚨出兴化、泰兴。有生成极嫩者，用酒酿浸之，加糖则自吐其油，名为泥螺，以无泥为佳。

【解读】

泥螺，古称吐蚨（tiě）。在闽南地区，因其盛产于麦熟季节，而称其为"麦螺蛤"；在江、浙、沪一带，因其贝壳为黄色或黄褐色，而称其为"黄泥螺"。

中国民间自古就有吃泥螺的习惯。人们把它作为海味珍品，而且加工、食法讲究。经腌渍加工的糟醉泥螺味道鲜美，清香脆嫩，丰腴可口。桃花盛开时的泥螺质量最佳，此时泥螺刚刚生长，体内无泥，且无菌；中秋时节所产的"桂花泥螺"，虽然比不上农历三月时的"桃花泥螺"，但也粒大脂丰，极其鲜美。如今，泥螺已跻身为宴席佳肴，成为"八珍冷盘"中必不可少的名菜。

混套

将鸡蛋外壳微敲一小洞，将清、黄倒出，去黄用清，加浓鸡卤煨就者拌入，用箸打良久，使之融化，仍装入蛋壳中，上用纸封好，饭锅蒸熟，剥去外壳，仍浑然一鸡卵，此味极鲜。

【解读】

此节介绍了一种较为奇特的小菜，混套最后虽然形状仍为鸡蛋，但内里已经加入了浓鸡卤，味道极其鲜美。制作这道小菜时需注意装入蛋壳这一步骤，如果太满则蒸时就会溢出，如果所使用的封纸过硬，蛋壳内的物质无法溢出，那么蛋壳就会破碎，因此，把握好度是很重要的。

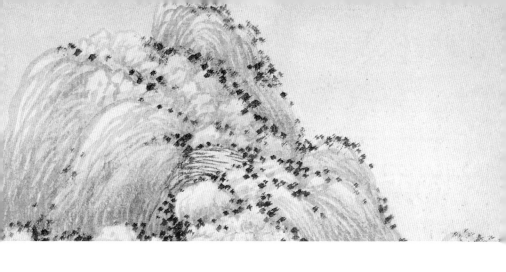

点心单

梁昭明①以点心为小食，郑傪嫂劝叔②"且点心"，由来旧矣。作《点心单》。

【注释】

①梁昭明：即萧统（501—531），南朝梁武帝的长子，谥号昭明太子。他曾带一批御厨到扬州研究菜肴和点心之类，将点心列为小食，著有《昭明小集》等。

②叔：女性称丈夫之弟为"叔"，即"小叔子"。

【解读】

所谓点心，就是腹中饥饿时或饭前、饭后的小食。种类丰富多样，有包、饺、糕、团、卷、饼、酥、条、饭、粥、冻等等。

宋人吴曾所撰《能改斋漫录》中载："唐人郑傪为江淮留后，家人备夫人晨馔，夫人顾其弟曰：'治妆未毕，我未及餐，尔且可点心。'"可见唐代时"点心"这个词就已经广泛使用了。

《随园食单》的《点心单》有各种面条、饼、饺子、馄饨、烧饼、馒头、面茶、酪、棕、汤团、各种糕团、月饼等55种点心的做法，本书选取其中较有代表性的加以解读。

出土于新疆的唐代点心（图片提供：微图）

鳗面

大鳗一条蒸烂，拆肉去骨，和入面中，入鸡汤清揉之，擀成面皮，小刀划成细条，入鸡汁、火腿汁、蘑菇汁滚。

【解读】

此节介绍的鳗面，并不是用鳗鱼作为浇头的面，而是将蒸熟的鳗鱼肉和入面粉，加入鸡汤揉和，擀成面皮，再划成细面条。在煮面时，又加入了鸡汁、火腿汁和蘑菇汁，因而煮出来的面味道异常鲜美。

裙带面

以小刀截面成条，微宽，则号"裙带面"。大概作面，总以汤多为佳，在碗中望不见面为妙。宁使食毕再加，以便引人入胜。此法扬州盛行，恰甚有道理。

【解读】

裙带面是扬州的特色小吃，面条比较宽，像裙子的飘带，因而得名。面做好后放入大碗，多加汤汁，味道十分浓郁，让人食欲大开。制汤是做裙带面的一个关键。因为面条本身无太多的鲜味，所以面条味道的好坏在很大程度上取决于汤的质量。扬州面条主要用汤为鸡汤、鱼汤、骨头汤等，另外还靠蘑菇、笋汁来增加鲜味。

蓑衣饼

干面用冷水调，不可多，揉擀薄后，卷拢再擀薄了，用猪油、白糖铺匀，再卷拢擀成薄饼，用猪油煠①黄。如要盐的，用葱椒盐亦可。

【注释】

①煠（hàn）：烘烤，此处指用极少的油煎。

蓑衣饼实际上就是酥油饼。"酥油"在杭州口音中与"蓑衣"十分相近。杭州的著名传统小吃吴山酥油饼如今依然很受欢迎，被誉为"吴山第一点"，许多外来游客到杭州都要买来一尝才算不虚此行。

吴山酥油饼

酥油饼以上等的白面粉、花生油或熟猪油等为原料，经压扁、擀开、折叠等工序，入油锅炸至金黄色，捞出撒上绵白糖即成。其色泽金黄，形似雪峰，层酥叠起，油润香甜，十分可口，深受人们的喜爱。

烧饼

用松子、胡桃仁敲碎，加糖屑、脂油，和面炙之，以两面煤黄为度，而加芝麻。扣儿①会做，面罗②至四五次，则白如雪矣。须用两面锅，上下放火，得奶酥更佳。

点心单

185

【注释】

①扣儿：人名，可能是随园厨娘。
②罗：密孔筛。

【解读】

烧饼是相当大众化的烤烙面食。因为用料的不同，南北各地的烧饼有很多种，常见的有芝麻烧饼、油酥烧饼、起酥烧饼、糖麻酱烧饼、炉干烧饼、什锦烧饼、牛舌饼等。袁枚在这一小节所介绍的做法近似北方的挂炉饼，和南方薄脆中空的烧饼略有不同。

面茶

熬粗茶汁，炒面兑入，加芝麻酱亦可，加牛乳亦可，微加一撮盐。无乳则加奶酥、奶皮亦可。

【解读】

此节介绍的面茶是用油炒面调和而成的小吃，是像粥一样的糊状物，直到现在依然很受欢迎。不过今天的面茶并不用茶汁兑入。而由此节记载可知当时的面茶确实要"熬粗茶汁"的。

北京、天津的面茶独具特色。制作的方法是：将糜子米洗干净，加温水泡胀，用水磨磨成米浆，锅内放水、盐、大料、鲜姜，熬出香味，把大料、姜捞出来，将米浆倒入锅内熬煮，用木勺不断搅拌，以免煳底。当面茶煮到黏稠如粥状，即可关火。将煮好的面茶盛入小碗，在上面浇一层芝麻酱，撒少许花椒盐，就可以食用了。面茶做着讲究，

面茶

喝起来更讲究，如果把面茶搅成粥当稀饭喝那就糟践东西了。喝面茶讲究用手托着碗底转着圈喝，讲究面茶喝完了，碗底是干净的。

水粉汤圆

用水粉①和作汤圆，滑腻异常，中用松仁、核桃、猪油、糖作馅，或嫩肉去筋丝捶烂，加葱末、秋油作馅亦可。作水粉法：以糯米浸水中一日夜，带水磨之，用布盛接，布下加灰，以去其渣，取细粉晒干用。

【注释】

①水粉：水磨糯米粉。

【解读】

此节介绍了用水磨糯米粉制作汤圆的方法，有两种馅料，一种是松仁、核桃、猪油和糖混合的甜馅，一种是肉末、葱末混合的咸鲜馅。

汤圆是正月十五元宵节的节令食品，南方叫做"汤圆"，北方叫做"元宵"。虽然都由糯米制成，但南北做法不同。南方的做法是将水磨糯米粉沥干，搓成一个个小团，再手工捏成锅形，包入馅

黑芝麻汤圆

料，捏拢收口，最后揉成球形。而北方元宵是将拌好的馅料切成小方块，放入糯米粉中，边洒水边滚动，馅料在互相撞击中变成球状，糯米也沾到馅料表面成球形，民间俗称"摇元宵"。南方汤圆的馅料含水量比元宵大，表皮也含有较多的水分，所以吃起来较为软滑。

软香糕

软香糕，以苏州都林桥为第一。其次虎丘糕、西施家为第二。南京南门外报恩寺则第三矣。

【解读】

软香糕，是早年江浙地区的风味小吃，因做得松糯可口，又有薄荷的凉味，吃起来软而香甜，而得名。清代文学家吴敬梓的小说《儒林外史》中，就有杜慎卿用软香糕等点心待客的情节。软香糕的主要原料是"两粉两味"，两粉是指糯米粉和粳米粉，两味则是薄荷汁和白绵糖，特别适合夏季食用。

百果糕

杭州北关外卖者最佳。以粉糯，多松仁、胡桃，而不放橙丁者为妙。其甜处非蜜非糖，可暂可久。家中不能得其法。

百果糕是初夏的时令糕点之一，采用糯米粉、白糖粉及多种果仁制成，味道香甜滋润，口感黏软油润，十分美味。百果糕在苏州又称为"蜜糕"，常用于婚嫁时的聘礼，取其寓意。

栗糕

煮栗极烂，以纯糯粉加糖为糕蒸之，上加瓜仁、松子。此重阳小食也。

【解读】

此节所介绍的栗糕是江浙一带的糕点之一，也是九月九日重阳节登高时的应时小吃，有"重阳佳节好题糕"之说。将栗子蒸熟做成泥，加上糯米粉和糖搅拌均匀之后，蒸制成糕，再加瓜子和松仁，吃起来软糯香甜。

旧时老北京重阳节的节令小吃也有一种栗子糕，做法与文中不同，是将栗子泥摊开做底，铺一层京糕片，再铺一层栗子泥，再铺一层澄沙馅，最后在上面铺第三份栗子泥。而后，用切成小块的京糕片和青梅丝拼成各种图案。这样就形成了黄、红、褐三色相间五层，吃的时候再浇上桂花糖汁。

青糕、青团

捣青草为汁，和粉作粉团，色如碧玉。

【解读】

在这一小节所介绍的点心，是江浙地区清明节的应节佳点，因其色调而得名。江南一带，清明节吃青团的风俗流传至今。青团是用一种名叫"浆麦草"的野生植物捣烂后挤压出汁，取用这种汁同晾干后的水磨纯糯米粉拌匀揉和成的团子。团子的馅心是用细腻的糖豆沙制成，在包馅时，另放入一小块糖猪油。团子制好后入笼蒸熟，出笼时再用毛刷在团子的表面刷一层菜油。做好的青团色泽鲜绿，香气扑鼻，清甜甘香，软糯可口。

清明节的青团

芋粉团

磨芋粉晒干，和米粉用之。朝天宫道士制芋粉团，野鸡馅，极佳。

此节所介绍的点心芋粉团,是将魔芋粉晒干,与米粉调和在一起做成的团子,里面可以包裹不同的馅料,非常好吃。

莲子

建莲①虽贵,不如湖莲②之易煮也。大概小熟,抽心去皮后下汤,用文火煨之,闷住合盖,不可开视,不可停火。如此两炷香,则莲子熟时,不生骨矣。

【注释】

①建莲:福建省建宁县所产的莲子。
②湖莲:又称"湘莲",产于湖南的莲子。

【解读】

莲子是荷花的种子,在秋季果实成熟时采割莲房,取出果实,除去果皮,干燥而成。莲子中含有大量淀粉,此外还含有丰富的维生素和微量元素。中医认为莲子具有清心醒脾、安神明目、滋补元气的作用。莲子

蜜渍莲子

中间有莲心,味道苦涩,制作菜肴时一般需要去掉。莲子在传统饮食中应用十分广泛,炖汤、煮粥、配菜不一而足。干制莲子比较坚硬,需要以文火进行较长时间的炖煮至软烂。

芋

十月天晴时，取芋子、芋头，晒之极干，放草中，勿使冻伤。春间煮食，有自然之甘。俗人不知。

【解读】

芋子，在杭州地区俗称"毛芋艿"，可以用来腌菜或者卤煮。袁枚在这一小节所介绍的这道点心，则是将芋头晒干，到开春的时候再煮食，味道更加甘甜。

《芋头白菜图》赵之谦（清）

萧美人点心

仅真南门外，萧美人善制点心，凡馒头、糕、饺之类，小巧可爱，洁白如雪。

【解读】

袁枚在这一小节提到的萧美人，是清朝乾隆年间著名的女点心师。乾隆五十二年（1787）的重阳节，年过七旬的袁枚特地请人在仪征购了由萧美人制作的3000只、共8种花色的点心，运至南京分送亲友。当时，有不少文人盛赞她的手艺，如诗人吴煊曾赋诗："妙手纤纤和粉匀，搓酥掺拌擅奇珍。自从香到江南日，市上名传萧美人。"还有人把萧美人制作的糕点与唐代名点红绫饼相媲美："红绫捧出饶风味，可知真州独擅长。"

陶方伯十景点心

每至年节，陶方伯夫人手制点心十种，皆山东飞面所为。奇形诡状，五色纷披。食之皆甘，令人应接不暇。萨制军云："吃孔方伯薄饼，而天下之薄饼可废；吃陶方伯十景点心，而天下之点心可废。"自陶方伯亡，而此点心亦成《广陵散》矣。呜呼！

袁枚在这一小节盛赞了陶方伯夫人所制作的点心。古代北方用机轧或者用箩筛面粉，粗一些的面粉因重力原因便垂直落下，而随风纷飞的面粉都是细而白的，用这种面粉做点心便细腻柔软，所以称为"飞面"。而陶方伯夫人所做的点心用的就是这样的面粉。

陶方伯十景点心（模型）

运司糕

卢雅雨作运司①，年已老矣。扬州店中作糕献之，大加称赏。从此遂有"运司糕"之名。色白如雪，点胭脂，红如桃花。微糖作馅，淡而弥旨②。以运司衙门前店作为佳。他店粉粗色劣。

【注释】

①运司：管理漕运的官名。卢雅雨时任两淮盐运使，主管两淮漕运。
②弥旨：更加美味。

【解读】

此节介绍的运司糕，现今又称为"扬州方糕"，糕体洁白如雪，且有红胭脂色加以点缀，鲜香松软，甜而不腻。

小馒头、小馄饨

作馒头如胡桃大，就蒸笼食之。每箸可夹一双。扬州物也。扬州发酵最佳。手捺之不盈半寸，放松仍隆然而高。小馄饨小如龙眼，用鸡汤下之。

【解读】

此节所提到的小馒头，俗称"汤包"，面皮松软爽滑，用料讲究，做成后外表也很美观，吃的时候可以用汤佐之。小馄饨，也叫"绉纱馄饨"。它的皮很薄，里面的馅能透过皮而看到，外加小馄饨表面皱皱的，谐音为"绉"，因而得名。其特点在于皮薄馅少，汤料精致，加虾皮、榨菜末、蛋皮，清鲜不腻，肉馅细腻，很受人们的欢迎。

扬州小馄饨

花边月饼

明府家制花边月饼，不在山东刘方伯之下。余常以轿迎其女厨来园制造，看用飞面拌生猪油子团①

百搦②，才用枣肉嵌入为馅，裁如碗大，以手搦其四边菱花样。用火盆两个，上下覆而炙之③。枣不去皮，取其鲜也；油不先熬，取其生也。含之上口而化，甘而不腻，松而不滞，其工夫全在搦中，愈多愈妙。

【注释】

①生猪油子团：把生猪油剁成碎丁。
②百搦：捏很多回。
③上下覆而炙之：把两个火盆扣在一起，将月饼放在其中，进行炙烤。

花边月饼

【解读】

此节介绍了花边月饼的制作方法。

其特色在于用生猪油揉面，揉搓次数越多越好。这样做，月饼才能甜而不腻，松而不散。面皮揉好后，用不去皮的枣肉入馅，然后将包好的面团切成碗大，用手将四边捏成菱花形，放在对扣的两个火盆中烤制。

饭
粥
单

粥饭本也，余菜末也。本立而道生。作《饭粥单》。

【解读】

袁牧认为，粥和饭是饮食的根本，而其他的菜肴都是次要的。根本立起来，饮食之道也就产生了。

饭

王莽①云："盐者，百肴之将。"余则曰："饭者，百味之本。"《诗》称："释之溲溲，烝之浮浮②。"是古人亦吃蒸饭。然终嫌米汁不在饭中。善煮饭者，虽煮如蒸，依旧颗粒分明，入口软糯。其诀有四：一要米好，或"香稻"，或"冬霜"，或"晚米"，或"观音籼"，或"桃花籼"，春③之极熟，霉天风摊播之，不使惹霉发疹。一要善淘，淘米时不惜工夫，用手揉擦，使水从箩中淋出，竟成清水，无复米色。一要用火先武后文，闷起得宜。一要相米放水，不多不少，燥湿得宜。往往见富贵人家，讲菜不讲饭，逐末忘本，真为可笑。余不喜汤浇饭，恶失饭之本味故也。汤果佳，宁一口吃汤，一口吃饭，分前后食之，方两全其美。不得已，则用茶、用开水淘之，犹不夺饭之正味。饭之甘，在百味之上，知味者，遇好饭不必用菜。

【注释】

①王莽(公元前45年—公元23年)：字巨君，西汉元帝皇后王政君之侄，凭借外戚身份夺取朝政大权，改国号为"新"，史称"王莽篡汉"。
②释之溲溲，烝(zhēng)之浮浮：出自《诗经·大雅·生民》。释之，即淘米。溲溲，淘米的声音。浮浮，大米在蒸制过程中涨发的样子。
③舂：把谷物的皮壳捣掉。

【解读】

　　考古研究表明，至迟在公元前3000年以前，中国人就已经开始种植水稻，大米就已经是人们的主食。米粥的产生先于米饭，上古的先民在煮粥时逐渐掌握不同水量的烹煮效果，米饭才得以产生。《诗经》里有"释之叟叟，烝之浮浮"的诗句，意思是淘米的声音溲溲，蒸饭的气味浮浮。由此可知，古人也吃蒸饭。善于做饭的，虽然米是用水煮的但会同蒸出来的一样，依旧颗粒分明，入口松软

稻田

香糯。此中的诀窍有四条：一是要用上好的大米，如香稻、冬霜、晚米、观音籼、桃花籼这些品种。作者所推崇的这四种米，香稻、冬霜应该属于粳米，而观音籼、桃花籼则是籼米的代表。米要舂得细而充分，在梅雨天要摊开翻晾，防止发霉或结块。二是要善于淘米，用手反复揉搓，使水从箩中沥出时不带米色。这一点与当今的养生观念略有相悖，稻米的许多营养都存在于糠皮的部分，所以现在提倡淘米不过三次，搓洗时也应避免大力揉搓。三是要用火得法，先用旺火后用小火，掌握火候。四是要放水不多不少，煮出来的饭才能干湿适宜。

　　袁枚认为，米饭是百味的根本，好的米饭甘美之味超过各种食物。懂得尝味的人，遇到好饭就可以不用吃菜了。一些富贵人家只讲究菜肴而不讲究米饭，是舍本求末的可笑做法。

粥

见水不见米，非粥也；见米不见水，非粥也。必使水米融洽，柔腻如一，而后谓之粥。尹文端公曰："宁人等粥，毋粥等人。"此真名言，防停顿而味变汤干故也。近有为鸭粥者，入以荤腥，为八宝粥者，入以果品，俱失粥之正味。不得已，则夏用绿豆，冬用黍米，以五谷入五谷，尚属不妨。余尝食于某观察家，诸菜尚可，而饭粥粗粝，勉强咽下，归而大病。尝戏语人曰："此是五脏神①暴落难。"是故自禁受不得。

【注释】

①五脏神：五脏指人的内脏，包括心、肝、脾、肺、肾。古人认为五脏各有神明主管，称为"五脏神"。

【解读】

古人将粥称为"世间第一补人之物"。早在宋代就有《粥品》一书问世，而官方编纂的《太平圣惠方》载有药粥129种。明代高濂的《饮馔服食笺》收录了粥品38种，医药学家李时珍的《本草纲目》中也收粥品50多种。清代章穆的《调疾饮食辩》就记载道："粥能滋养，虚实百病固已。"

此节中说，"见水不见米"和"见米不见水"的粥都不合格，

腊八粥

要使水米融洽，稀稠适合，才是一碗好粥。一般煮粥要一碗米放十碗水，中途不能加水，否则粥的黏稠度和浓郁的香味都会大打折扣。而且，熬粥的过程不能中断，要自然熬成方吃。宁可人等粥熬好，而不能先把粥煮好了等人来喝，因为时间一长，粥就会过于黏稠而影响口感。

　　袁枚反对用鸭汤熬粥，也反对在粥中加入果品，认为这些都会使粥失去正味。事实上，加入果品熬成的八宝粥在中国已经有一千多年的历史。每逢腊八这一天，不论是朝廷、官府、寺院还是百姓都会用红小豆、糯米、桂圆、莲子、花生、葡萄干等多种食材煮成八宝粥，以应节令。

　　袁枚回忆自己曾在某人家吃饭，菜色尚可，而饭粥却很粗糙，勉强咽下，回家后难受了好几天。所以他提醒人们，饭粥更要精益求精，不可粗糙。

茶酒单

七碗生风①，一杯忘世，非饮用六清②不可。作
《茶酒单》。

【注释】

①七碗生风：唐代诗人卢仝曾作《七碗茶》诗，单道吃茶的妙处，
　其中有"七碗吃不得，惟觉两腋习习清风生"的诗句。
②六清：出自《周礼》："凡王之馈……饮用六清。"六清指供天
　子用的 6 种饮料，分别为"水、浆、醴、醇、医、酏"。水即饮
　用水，浆指有醋味的酒，醴指甜酒，醇为糇饭杂水，医是指没过
　滤的酒，酏为一般的薄粥。后用以泛指饮料。

【解读】

　　唐代诗人卢仝在《七碗茶》诗中写道："柴门反关无俗客，纱帽
笼头自煎吃。碧云引风吹不断，白花浮光凝碗面。一碗喉吻润，二碗
破孤闷。三碗搜枯肠，惟有文字五千卷。四碗发轻汗，平生不平事，
尽向毛孔散。五碗肌骨清，六碗通仙灵。七碗吃不得，惟觉两腋习习
清风生。蓬莱山，在何处？玉川子乘此清风欲归去。"喝茶七碗令人
腋下生风。

　　一杯忘世，指的是饮酒。几千年来，酒就是古代文人的知音，酒
逢知己，酒送故人，以酒抒怀，借酒忘世，酒是诗人名士灵感的来源。

《品茶图》陈洪绶（明代）

《茶酒单》原文收录名茶 4 种、名酒 10 种，本书选取其中最为著名的几种进行解读，从中可以看出袁牧对好茶好酒的鉴赏与评价。

茶

欲治好茶，先藏好水。水求中泠、惠泉。人家中何能置驿①而办？然天泉水、雪水，力能藏之。水新则味辣，陈则味甘。尝尽天下之茶，以武夷山顶所生、冲开白色者为第一。然入贡尚不能多，况民间乎？其次，莫如龙井。清明前者，号"莲心"，太觉味淡，以多用为妙；雨前最好，一旗一枪②，绿如碧玉。收法须用小纸包，每包四两，放石灰坛中，过十日则换石灰，上用纸盖扎住，否则气出而色味全变矣。烹时用武火，用穿心罐③，一滚便泡，滚久则水味变矣。停滚再泡，则叶浮矣。一泡便饮，用盖掩之则味又变矣。此中消息④，间不容发也。山西裴中丞尝谓人曰："余昨日过随园，才吃一杯好茶。"呜呼！公山西人也，能为此言。而我见士大夫生长杭州，一入宦场便吃熬茶，其苦如药，其色如血。此不过肠肥脑满之人吃槟榔法也。俗矣！除吾乡龙井外，余以为可饮者，胪列⑤于后。

【注释】

①驿：驿站，古代传递公文的人及来往官员途中歇息的机构。

②一旗一枪：指采摘茶叶时，采一个叶芽加一片叶，因芽像古时枪上的矛，叶像下面的旗而得名。泛指幼嫩的茶叶。

③穿心罐：中间凸起专门用来烧水泡茶的陶制器皿。

④消息：机关上的枢纽，这里指要点、关键。

⑤胪列：陈列，罗列。

【解读】

文中首先提到了泡茶用水的选择。烹好茶须用好水，袁枚嗜茶，

传统茶具

也深知水的重要。他认为，水中极品的玉泉、惠泉之水虽佳，皇家可以专设驿站，用水车专送泉水，一般人家却难以得到。而雨水、雪水却是人人都可收集的，将雨水、雪融水储存在缸内一段时间，水味道就会变得甘甜。

　　袁枚自称尝尽天下之茶，以武夷山顶所生的岩茶第一，其次是龙井茶。龙井茶的季节很强，茶谚有"早采三天是个宝，迟采三天变成草"之说。每年初春，惊蛰刚过，清明未至的时候开采头茶，称"明前茶"。此茶由于嫩芽初迸，称为"莲心"，是龙井茶中的极品。谷雨前采摘的茶叫"雨前茶"，已有一叶一芽，茶芽稍长，又称"旗枪"。

　　干燥的茶叶吸附力很强，很容易吸收空气中的水分及异味，如果贮存方法不当，就会在短时期内失去风味。文中提出可以用石灰作为干燥剂，以保持茶叶原有的品质。

　　煮茶时取泉水放入穿心罐内，煮水时用武火，水一冒泡即可泡茶，大开滚久了则水味会变，反复滚沸再泡则茶叶浮在表面，味道亦差。泡茶水温会直接影响茶的质量，一般以 80℃—90℃为佳，忌用反复滚沸的水。

袁枚的好友裴中丞曾对人讲：喝了这么多年茶，只有昨天在随园才吃了一杯好茶。袁枚听后感叹道：裴中丞是山西人，都能有这种见解。而现在官宦人家动辄熬煮茶叶，茶汤其苦如药，其色如血，就像脑满肠肥的人吃槟榔一样，俗不可耐。

武夷茶

余向不喜武夷茶，嫌其浓苦如饮药。然丙午秋，余游武夷到曼亭峰、天游寺诸处。僧道争以茶献。杯小如胡桃，壶小如香橼①，每斟无一两。上口不忍遽咽，先嗅其香，再试其味，徐徐咀嚼而体贴之。果然清芬扑鼻，舌有余甘，一杯之后，再试一二杯，令人释躁平矜，怡情悦性。始觉龙井虽清而味薄矣，阳羡虽佳而韵逊矣。颇有玉与水晶，品格不同之故。故武夷享天下盛名，真乃不忝②。且可以瀹③至三次，而其味犹未尽。

【注释】

①香橼（yuán）：又名"枸橼"，是柑橘属枸橼区植物的统称，其果实为直径10—15厘米的长圆形。

②不忝：不愧。

③瀹（yuè）：煮。

武夷山茶区风光

【解读】

　　武夷茶，指的是福建武夷山所产的茶叶。武夷山位于福建省崇安县南部，山区气候温和，土壤肥沃，所产茶叶自唐宋以来一直是入贡皇宫的名品。武夷茶通常指"岩茶"，品种属于乌龙茶，是中国乌龙茶中的极品。经长期发展，武夷岩茶种类繁多，品质各异，其中最负盛名的就是大红袍，其他名茶还有武夷肉桂、铁罗汉、白鸡冠、水金龟等。武夷岩茶的成茶绿叶红镶边，形态艳丽，汤色深橙黄亮，既有红茶的甘醇，又有绿茶的清香，饮后齿颊留香，喉底回甘，而且七泡犹有余香，令人倾倒。

　　出生在杭州的袁枚，喝惯了家乡清淡鲜爽的龙井茶，对滋味浓醇、汤味浓苦的武夷岩茶并不喜欢。但是，他游武夷山时按照工夫茶的冲泡方法品了岩茶之后，感到释躁平矜，怡情悦性，于是纠正

了自己对武夷茶的偏见。他还总结出饮武夷茶的诀窍："徐徐咀嚼
而体贴之。"只有慢慢品味，才能品悟出武夷岩茶香清甘活的美妙
韵味。

武夷岩茶在冲泡时通常使用非常精致而小巧的茶具，并且有一
整套繁复而严格的冲泡与奉茶程序。常用的四种传统茶具分别为孟臣
罐、若琛瓯、玉书煨和红泥烘炉。孟臣罐是泡茶的茶壶，是用宜兴紫
砂制作的小茶壶。这种壶适于焖泡，透气性好，能得茶之真香，使用
越久越光泽柔润，韵味十足。若琛瓯是一种薄瓷小杯，小巧玲珑，只
可容纳少量茶汤。平时茶盘上只摆 3 个小杯，呈"品"字形。玉书煨
和红泥烘炉则指的是烧开水的水壶和炭炉。

龙井茶

杭州山茶，处处皆清，不过以龙井为最耳。每
还乡上冢，见管坟人家送一杯茶，水清茶绿，富贵
人所不能吃者也。

【解读】

杭州是中国茶文化名城，早在唐代，杭州境内已经广泛栽培茶
树。余杭径山茶、桐庐雪水云绿、淳安千岛银针、临安天目青顶等名
茶都产于杭州，其中最为著名的非龙井茶莫属。龙井茶产于杭州西
湖一带，属于扁形炒青绿茶。西湖区产茶历史悠久，早在唐代陆羽
的《茶经》中就曾记载天竺、灵隐二寺产茶。明代的《嘉靖通志》
中载："杭郡诸茶，总不及龙井之产，而雨前取一旗一枪，尤为珍

品。"西湖龙井外形光亮、扁直、色翠略
黄，似糙米色，滋味甘鲜醇和，香气幽
雅清高，汤色碧绿，叶底细嫩成朵，
以"色绿、香郁、味醇、形美""四
绝"著称于世。作为杭州人，袁枚
当然对家乡所产的龙井茶青睐有加。
每逢清明时节，正好是龙井春茶上市的时

龙井茶

候。在扫墓、踏青时，管坟的人家送一杯龙井茶，犹有江南早春气息
的龙井茶，再加上名泉虎跑泉的水，"水清茶绿"，人情世故与茶韵
茶趣都尽在其中。

酒

　　余性不近酒，故律酒过严，转能深知酒味。今
海内动行绍兴，然沧酒之清，浔酒之洌，川酒之鲜，
岂在绍兴下哉！大概酒似耆老宿儒，越陈越贵，以
初开坛者为佳，谚所谓"酒头茶脚"是也。炖法不
及则凉，太过则老，近火则味变。须隔水炖，而谨
塞其出气处才佳。取可饮者，开列于后。

【解读】

　　袁牧自称性不近酒，所以对酒的评判格外严格，反而能深知各种
酒的真味。酒就像高年宿儒，年头越陈越是贵重，而多年窖藏后刚刚

开封的酒品质最佳。文中还提到了酒的"炖法"。因为古人喝的酒大多是黄酒，酒精度数较低，不加热喝未免嫌凉。而且在提纯技术不高的古代，酒中难免含有甲醇、乙醛等有害物质，稍微加热可以使这些物质挥发掉，对健康是有利的。所以古人习惯把酒温后再喝，一般采用隔水加热的方式。

绍兴酒

绍兴酒，如清官廉吏，不参一毫假，而其味方真。又如名士耆英①，长留人间，阅尽世故，而其质愈厚。故绍兴酒，不过五年者不可饮，参水者亦不能过五年。余常称绍兴为名士，烧酒为光棍。

【注释】

①耆英：年高德硕的人。

【解读】

中国黄酒产地较广，品种较多，然而能被国内酿酒界公认为能代表中国黄酒特色的，首推绍兴酒。绍兴酿酒的历史悠久，早在春秋时期吴越之战时，越王勾践出师伐吴前就曾以酒赏士。南北朝时期，黄酒已被列为贡品。绍兴黄酒自古以来就以洁白、

窖藏多年的绍兴酒"女儿红"

饱满的上等优质糯米为原料，用清澈甘甜的鉴湖之水酿制而成。其酒色由橙黄至深褐，口感柔和、甘润、醇厚，"如清官廉吏，不参一毫假"。

黄酒是由粮食经过发酵而成，成分复杂，刚酿制出来的新酒口味粗糙，香味不足，必须经过一段时间的贮存，才能让酒质芳香醇厚。这个用贮存使黄酒老熟的过程就是"陈酿"。高档绍兴黄酒一般都需要贮存三到五年，在此期间，酒中导致味苦的氨基酸的含量逐渐下降，酒味因此变得柔和醇厚。所以文中说绍兴酒"不过五年者不可饮"。

绍兴自古人杰地灵，历代名士文人层出不穷，绍兴黄酒与文人结下了几千年的不解之缘。因此此节说绍兴酒是"酒中名士"。

山西汾酒

既吃烧酒，以狠为佳。汾酒乃烧酒之至狠者。余谓烧酒者，人中之光棍，县中之酷吏也。打擂台，非光棍不可；除盗贼，非酷吏不可；驱风寒、消积滞，非烧酒不可。汾酒之下，山东膏粱烧次之，能藏至十年，则酒色变绿，上口转甜，亦犹光棍做久，便无火气，殊可交也。尝见童二树家泡烧酒十斤，用枸杞四两、苍术二两、巴戟天一两①，布扎一月，开瓮甚香。如吃猪头、羊尾、"跳神肉"之类，非烧酒不可。亦各有所宜也。

此外如苏州之女贞、福贞、元燥，宣州之豆酒，通州之枣儿红，俱不入流品；至不堪者，扬州之木瓜也，上口便俗。

【注释】

①枸杞四两、苍术二两、巴戟天一两：枸杞、苍术、巴戟天都是中药，有温补的功效，常用来泡制药酒。

【解读】

　　明清以前，中国人更喜欢喝低度的酿造酒。到了明清时期，高度的蒸馏酒才真正兴盛起来，成为中国消费量最大的主流酒种。在清朝，中国白酒的第一品牌非山西汾酒莫属。汾酒产于山西汾阳杏花村，以当地优质的井水和上等高粱为原料，经过多道工序发酵而成。虽然属于高度白酒，但素以入口绵、落口甜、饮后余香、回味悠长而著称。袁枚是杭州人，作为不善饮酒的南方人，乍一喝到高度数的蒸馏白酒，的确很容易产生"光棍"、"酷吏"的联想。

　　烧酒中酒精含量较高，是一种良好的有机溶剂，中药的各种有效成分都易溶于其中，药借酒力、酒助药势，其效力可以得到充分发挥，从而提高疗效。所以自古就有许多药酒的配方流传至今。

饮烧酒用的酒壶和酒盅